甘肃兴隆山国家级自然保护区昆虫图鉴

尚素琴　郝亚楠　林宏东　主编

中国林业出版社
China Forestry Publishing House

图书在版编目（CIP）数据

甘肃兴隆山国家级自然保护区昆虫图鉴 / 尚素琴,
郝亚楠, 林宏东主编. -- 北京 : 中国林业出版社,
2024. 12. -- (甘肃兴隆山国家级自然保护区第二次综合
科学考察系列丛书). -- ISBN 978-7-5219-2902-7

Ⅰ. Q968.224.21-64

中国国家版本馆CIP数据核字第2024CD2376号

策划编辑：甄美子
责任编辑：甄美子
装帧设计：北京八度出版服务机构
————————————————
出版发行：中国林业出版社
　　　　（100009，北京市西城区刘海胡同 7 号，电话 83143616）
电子邮箱：cfphzbs@163.com
网址：https://www.cfph.net
印刷：北京中科印刷有限公司
版次：2024 年 12 月第 1 版
印次：2024 年 12 月第 1 次
开本：889mm×1194mm　1/16
印张：14.25
字数：410 千字
定价：140.00 元

《甘肃兴隆山国家级自然保护区昆虫图鉴》
编 辑 委 员 会

主 任

谭　林（甘肃兴隆山国家级自然保护区管护中心）

孙学刚（甘肃农业大学林学院）

副 主 任

张学炎（甘肃兴隆山国家级自然保护区管护中心）

陈玉平（甘肃兴隆山国家级自然保护区管护中心）

孙伟刚（甘肃兴隆山国家级自然保护区管护中心）

裴应泰（甘肃兴隆山国家级自然保护区管护中心）

刘旭东（甘肃兴隆山国家级自然保护区管护中心）

王　功（甘肃兴隆山国家级自然保护区管护中心）

主 编

尚素琴（甘肃农业大学植物保护学院）

郝亚楠（甘肃农业大学植物保护学院）

林宏东（甘肃兴隆山国家级自然保护区管护中心）

副 主 编

马瑞鹏（甘肃兴隆山国家级自然保护区管护中心）

钱秀娟（甘肃农业大学植物保护学院）

宋　敏（甘肃兴隆山国家级自然保护区管护中心）

李青霞（甘肃兴隆山国家级自然保护区管护中心）

闫沛斌（甘肃兴隆山国家级自然保护区管护中心）

编 委

吕　宁　代伟华　王立祥　张爱萍　陈潇潇　曹　娟　刘长仲

王小鹏　谈宝军　高　军　徐　涛　高松腾　张　莉　王炳琪

王兴铎　朱明巍　张毅祯　姜玉萍　杜颖洁　翟建丽　张　莉

高登位　陈泽安　吕再刚　邵春茗　王维钧　杨德仁

摄 影

郝亚楠　尚素琴　钱秀娟

前　言

"陇右自古多名山，栖云蜿蜒最不凡。"这里的栖云指的是离甘肃省兰州市60km，位于榆中县境内的兴隆山，被誉为"陇右第一名山"。在唐朝以前因其山势高峻，常有"白云浩渺无际"，故称"栖云山"。

兴隆山属国家级森林自然保护区，系祁连山山系东延部分，由马啣山系的高中山群所组成，主要山脉有马啣山、兴隆山和栖云山。保护区总面积约33301hm^2，包括兴隆山、麻家寺、马坡、官滩沟和上庄共5个林场站。这里不仅自然风光优美，更是文化遗产宝地。周朝时就有隐士在此修行，唐宋时期更是建立了众多佛寺道院。成吉思汗、李自成、左宗棠等也曾在这里留下足迹，特别是成吉思汗在攻打西夏时，病逝于兴隆山，其衣冠和兵器用物曾安放于此，使得兴隆山充满了厚重的历史气息。

昆虫属动物界节肢动物门昆虫纲，是地球上数量和种类最多的物种，具有生长周期短、易采样和识别、对环境敏感等特点。昆虫对生境结构和植物组成的变化非常敏感，其种类组成、分布、种群数量及群落结构等特征均可直接反映栖息地的适宜性，同时对生境变化做出反应的速度远超其寄主植物。因此，昆虫常被选作环境监测的指示类群，其监测数据常用于评价生态环境和生物多样性保护。但这一切的前提是了解并熟知昆虫本底资源。

本书分上篇和下篇两个部分，上篇为昆虫学基础，下篇为兴隆山自然保护区的昆虫种类，共记述兴隆山昆虫7目68科252属344种。其中，尚素琴统筹全书并负责编撰第一章、第二章、第八章部分，郝亚楠编写了第四章和第五章，林宏东编写了第三章、第六章、第七章和第九章，其余作者协助三位主编完成相应内容。本书的出版得到了"甘肃兴隆山国家级自然保护区昆虫资源本底调查"和"生态环境部全国生物多样性监测"项目的资助，在调查过程中得到了管护中心领导和全体工作人员的大力支持和帮助，在此表示衷心感谢。

另外，甘肃的昆虫资源调查和研究与发达省份相比，尚存在一定差距。因此，我常常想为家乡的昆虫学研究作一些努力和贡献，这也是我离开西北农林科技大学后的最大梦想。希望以此为契机，为家乡的生物多样性保护工作作一些贡献。

由于编者水平所限，书中难免疏漏，同时少部分图片或者种类描述不全的，恳请读者谅解，并敬请读者批评指正。

尚素琴

2024年5月6日于兰州

目 录

上篇 昆虫学基础

第一章 昆虫的形态结构 002

第二章 昆虫分类学 009

下篇 兴隆山国家级自然保护区的昆虫

第三章 直翅目 Orthoptera 028

（一）斑翅蝗科 Oedipodidae 028

（二）网翅蝗科 Arcypteridae 029

（三）槌角蝗科 Gomphoceridae 032

（四）剑角蝗科 Acrididae 032

（五）蚱科 Tetrigidae 033

（六）蝼蛄科 Gryllotalpidae 034

第四章 半翅目 Hemiptera 035

（七）龟蝽科 Plataspidae 035

（八）黾蝽科 Gerridae 036

（九）姬蝽科 Nabidae 036

（十）蝽科 Pentatomidae ⋯⋯⋯⋯⋯⋯⋯⋯⋯⋯⋯⋯⋯⋯⋯⋯ 037

（十一）异蝽科 Urostylididae ⋯⋯⋯⋯⋯⋯⋯⋯⋯⋯⋯⋯⋯⋯ 041

（十二）长蝽科 Lygaeidae ⋯⋯⋯⋯⋯⋯⋯⋯⋯⋯⋯⋯⋯⋯⋯⋯ 042

（十三）尖长蝽科 Oxycarenidae ⋯⋯⋯⋯⋯⋯⋯⋯⋯⋯⋯⋯⋯ 044

（十四）同蝽科 Acanthosomatidae ⋯⋯⋯⋯⋯⋯⋯⋯⋯⋯⋯⋯ 045

（十五）缘蝽科 Coreidae ⋯⋯⋯⋯⋯⋯⋯⋯⋯⋯⋯⋯⋯⋯⋯⋯ 047

（十六）蛛缘蝽科 Alydidae ⋯⋯⋯⋯⋯⋯⋯⋯⋯⋯⋯⋯⋯⋯⋯ 048

（十七）皮蝽科 Piesmatidae ⋯⋯⋯⋯⋯⋯⋯⋯⋯⋯⋯⋯⋯⋯⋯ 050

（十八）猎蝽科 Reduviidae ⋯⋯⋯⋯⋯⋯⋯⋯⋯⋯⋯⋯⋯⋯⋯ 051

（十九）网蝽科 Tingidae ⋯⋯⋯⋯⋯⋯⋯⋯⋯⋯⋯⋯⋯⋯⋯⋯ 052

（二十）盾蝽科 Scutelleridae ⋯⋯⋯⋯⋯⋯⋯⋯⋯⋯⋯⋯⋯⋯ 054

（二十一）姬缘蝽科 Rhopalidae ⋯⋯⋯⋯⋯⋯⋯⋯⋯⋯⋯⋯⋯ 055

（二十二）盲蝽科 Miridae ⋯⋯⋯⋯⋯⋯⋯⋯⋯⋯⋯⋯⋯⋯⋯⋯ 056

（二十三）花蝽科 Anthocoridae ⋯⋯⋯⋯⋯⋯⋯⋯⋯⋯⋯⋯⋯ 060

（二十四）角蝉科 Membracidae ⋯⋯⋯⋯⋯⋯⋯⋯⋯⋯⋯⋯⋯ 061

（二十五）尖胸沫蝉科 Aphrophoridae ⋯⋯⋯⋯⋯⋯⋯⋯⋯⋯ 065

（二十六）叶蝉科 Cicadellidae ⋯⋯⋯⋯⋯⋯⋯⋯⋯⋯⋯⋯⋯⋯ 068

第五章　鞘翅目 Coleoptera ⋯⋯⋯⋯⋯⋯⋯⋯⋯⋯⋯⋯⋯⋯⋯⋯⋯⋯⋯⋯⋯ 075

（二十七）步甲科 Carabidae ⋯⋯⋯⋯⋯⋯⋯⋯⋯⋯⋯⋯⋯⋯⋯ 075

（二十八）虎甲科 Cicindelidae ⋯⋯⋯⋯⋯⋯⋯⋯⋯⋯⋯⋯⋯⋯ 079

（二十九）金龟科 Geotrupidae ⋯⋯⋯⋯⋯⋯⋯⋯⋯⋯⋯⋯⋯⋯ 081

（三十）叶甲科 Chrysomelidae ⋯⋯⋯⋯⋯⋯⋯⋯⋯⋯⋯⋯⋯⋯ 081

（三十一）天牛科 Cerambycidae ⋯⋯⋯⋯⋯⋯⋯⋯⋯⋯⋯⋯⋯ 086

（三十二）花蚤科 Mordellidae ⋯⋯⋯⋯⋯⋯⋯⋯⋯⋯⋯⋯⋯⋯ 089

（三十三）郭公甲科 Cleridae ⋯⋯⋯⋯⋯⋯⋯⋯⋯⋯⋯⋯⋯⋯ 089

（三十四）拟步甲科 Tenebrionidae ⋯⋯⋯⋯⋯⋯⋯⋯⋯⋯⋯⋯ 090

（三十五）象甲科 Curculionidae ⋯⋯⋯⋯⋯⋯⋯⋯⋯⋯⋯⋯⋯ 090

（三十六）吉丁甲科 Buprestidae ⋯⋯⋯⋯⋯⋯⋯⋯⋯⋯⋯⋯⋯ 095

（三十七）叩甲科 Elateridae ⋯⋯⋯⋯⋯⋯⋯⋯⋯⋯⋯⋯⋯⋯⋯⋯⋯ 096

（三十八）葬甲科 Silphidae ⋯⋯⋯⋯⋯⋯⋯⋯⋯⋯⋯⋯⋯⋯⋯⋯⋯ 098

（三十九）芫菁科 Meloidae ⋯⋯⋯⋯⋯⋯⋯⋯⋯⋯⋯⋯⋯⋯⋯⋯⋯ 099

（四十）小蠹科 Scolytidae ⋯⋯⋯⋯⋯⋯⋯⋯⋯⋯⋯⋯⋯⋯⋯⋯⋯ 100

（四十一）瓢虫科 Coccinellidae ⋯⋯⋯⋯⋯⋯⋯⋯⋯⋯⋯⋯⋯⋯⋯ 100

第六章 膜翅目 Hymenoptera ⋯⋯⋯⋯⋯⋯⋯⋯⋯⋯⋯⋯⋯⋯⋯ 109

（四十二）蚁科 Formicidae ⋯⋯⋯⋯⋯⋯⋯⋯⋯⋯⋯⋯⋯⋯⋯⋯⋯ 109

（四十三）姬蜂科 Ichneumonidae ⋯⋯⋯⋯⋯⋯⋯⋯⋯⋯⋯⋯⋯⋯ 110

（四十四）茧蜂科 Braconidae ⋯⋯⋯⋯⋯⋯⋯⋯⋯⋯⋯⋯⋯⋯⋯⋯ 111

（四十五）叶蜂科 Tenthredinidae ⋯⋯⋯⋯⋯⋯⋯⋯⋯⋯⋯⋯⋯⋯ 113

（四十六）蜜蜂科 Apidae ⋯⋯⋯⋯⋯⋯⋯⋯⋯⋯⋯⋯⋯⋯⋯⋯⋯⋯ 114

第七章 双翅目 Diptera ⋯⋯⋯⋯⋯⋯⋯⋯⋯⋯⋯⋯⋯⋯⋯⋯⋯⋯ 115

（四十七）食蚜蝇科 Syrphidae ⋯⋯⋯⋯⋯⋯⋯⋯⋯⋯⋯⋯⋯⋯⋯ 115

（四十八）丽蝇科 Calliphoridae ⋯⋯⋯⋯⋯⋯⋯⋯⋯⋯⋯⋯⋯⋯⋯ 117

（四十九）蜂虻科 Bombyliidae ⋯⋯⋯⋯⋯⋯⋯⋯⋯⋯⋯⋯⋯⋯⋯ 118

（五十）虻科 Tabanidae ⋯⋯⋯⋯⋯⋯⋯⋯⋯⋯⋯⋯⋯⋯⋯⋯⋯⋯ 119

（五十一）食虫虻科 Asilidae ⋯⋯⋯⋯⋯⋯⋯⋯⋯⋯⋯⋯⋯⋯⋯⋯ 120

第八章 鳞翅目 Lepidoptera ⋯⋯⋯⋯⋯⋯⋯⋯⋯⋯⋯⋯⋯⋯⋯ 121

（五十二）夜蛾科 Noctuidae ⋯⋯⋯⋯⋯⋯⋯⋯⋯⋯⋯⋯⋯⋯⋯⋯ 121

（五十三）尺蛾科 Geometridae ⋯⋯⋯⋯⋯⋯⋯⋯⋯⋯⋯⋯⋯⋯⋯ 124

（五十四）舟蛾科 Notodontidae ⋯⋯⋯⋯⋯⋯⋯⋯⋯⋯⋯⋯⋯⋯⋯ 127

（五十五）大蚕蛾科 Saturniidae ⋯⋯⋯⋯⋯⋯⋯⋯⋯⋯⋯⋯⋯⋯⋯ 129

（五十六）毒蛾科 Lymantriidae ⋯⋯⋯⋯⋯⋯⋯⋯⋯⋯⋯⋯⋯⋯⋯ 129

（五十七）蚕蛾科 Bombycidae ⋯⋯⋯⋯⋯⋯⋯⋯⋯⋯⋯⋯⋯⋯⋯ 130

（五十八）灯蛾科 Arctiidae ⋯⋯⋯⋯⋯⋯⋯⋯⋯⋯⋯⋯⋯⋯⋯⋯⋯ 130

（五十九）枯叶蛾科 Lasiocampidae ⋯⋯⋯⋯⋯⋯⋯⋯⋯⋯⋯⋯⋯ 132

（六十）天蛾科 Sphingidae ··· 132

（六十一）凤蝶科 Papilionidae ·· 138

（六十二）粉蝶科 Pieridae ··· 142

（六十三）蛱蝶科 Nymphalidae ·· 154

（六十四）灰蝶科 Lycaenidae ·· 185

（六十五）弄蝶科 Hesperiidae ·· 204

第九章　脉翅目 Neuroptera ·· 209

（六十六）草蛉科 Chrysopidae ·· 209

（六十七）褐蛉科 Hemerobiidae ··· 211

（六十八）蝶角蛉科 Ascalaphidae ·· 212

中文名索引 ·· 213

学名索引 ·· 217

昆虫学基础

昆虫隶属动物界（Animalia）节肢动物门（Arthropoda）六足总纲（Hexapoda），是生物种类中最多的一类。全世界已知的昆虫种类大约100万种，占动物界物种数的2/3。昆虫在地球上生活了将近3.5亿年或更久，它们的出现远远早于人类。在漫长的进化过程中，昆虫和人类形成了千丝万缕的联系。总的来说，这种关系向两个方向发展：一是对人类有益，称为"益虫"，能够为人类提供衣、食、住、行所需要的原料等；二是对人类造成干扰，称为"害虫"，往往导致农业经济损失或影响人类健康。但不论怎样，昆虫和人类将共同生活在地球上，维持地球的生物多样性和健康发展。

第一章 昆虫的形态结构

昆虫的体躯由一系列环节（即体节）组成，整个体躯被有含几丁质的外骨骼。有些体节上具有成对而分节的附肢，节肢动物由此得名。各体节按其功能分别集中，形成头部、胸部和腹部3个明显的体段（图1-1）。

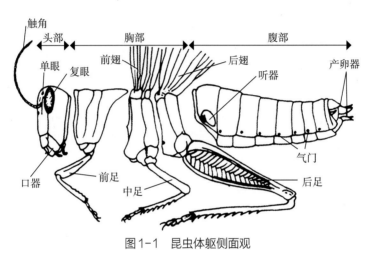

图1-1 昆虫体躯侧面观

昆虫的头部位于体躯最前端，一般认为由愈合到一起的6节组成。着生有口器、触角、复眼和单眼，是感觉和取食的中心；胸部分前胸、中胸和后胸3个体节，每个胸节上生有1对足，中胸和后胸常各生有1对翅，是运动中心；腹部一般9~12个体节，大多11节。其中，第1~8节两侧各有1对气门，外生殖器位于腹部末端，有些种类长有尾须，各种内脏器官大部分位于腹内，是生殖和新陈代谢的中心。

● 第一节 昆虫的头部

一、头壳的基本构造

头部（head）是昆虫体躯的第一个体段，一般认为由6个体节愈合而成；头壳表面着生有触角、复眼与单眼，前下方生有口器，是感觉与取食的中心。大部分昆虫的头近球形，头壳高度骨化，只有蜕裂线和一些次生的沟把头壳表面分成若干区域（图1-2）。沟是体壁向内折陷而成的，蜕裂线是幼虫蜕皮裂开的地方。

昆虫的头部通常分为头顶、额、唇基、颊、颊下区、后头和次后头区。头的顶部称头顶（颅顶），头顶前下方是额，头顶与额之间以倒"Y"形的蜕裂线为界。额的下方是唇基，额与唇基之间以额唇基沟为界，唇基下连接上唇。颊位于头部两侧，其前方以额颊沟与额为界。头的后方连接一条狭窄拱形的骨片称为后头，其前方以后头沟与颊为界。

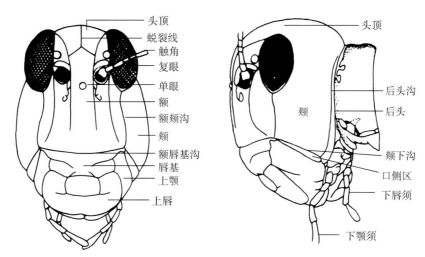

图1-2 蝗虫头部构造（仿陆近仁等）

二、头部的附器

昆虫头部的附属器官有触角、复眼、单眼和口器。

1.触角 触角是昆虫头部的一对附肢，一般着生于额区，基部包被于膜质的触角窝内，可以活动。一般由3节构成，即柄节、梗节和鞭节（图1-3）。柄节是最基部的一节，常粗短。梗节是触角的第2节，一般较小，大部分昆虫在梗节上有一个特殊的感觉器，称为江氏器。梗节以下统称为鞭节，此节在不同昆虫中变化很大，常分成若干亚节。

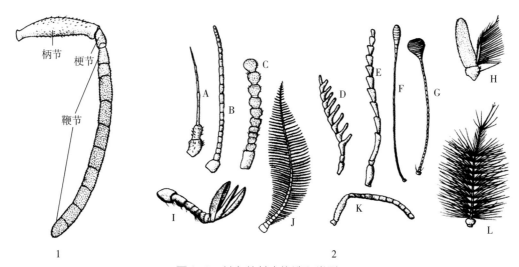

图1-3 触角的基本构造和类型

1. 触角的基本构造；2. 触角的类型：A.刚毛状（蜻蜓）、B.丝状（飞蝗）、C.念珠状（白蚁）、D.栉齿状（绿豆象）、E.锯齿状（锯天牛）、F.球杆状（白粉蝶）、G.锤状（长角蛉）、H.具芒状（绿蝇）、I.鳃叶状（金龟甲）、J.羽状（樟蚕蛾）、K.膝状（蜜蜂）、L.环毛状（库蚊）

触角的形状以及长短、节数、着生部位等，不同种类或同种不同性别间的变化往往很大，形成不同类型，主要有刚毛状、丝状（线状）、念珠状、栉齿状、锯齿状、球杆状（棒状）、锤状、具芒状、鳃叶状、羽状（双栉齿状）、膝状（肘状）、环毛状（图1-4）。触角的形状和类型，常作为种类鉴别和区分雌雄的依据。

昆虫触角的主要功能是嗅觉和触觉，有的还有听觉作用，可以帮助昆虫进行通信、寻偶、觅食和选择产卵场所等活动。一般雄性昆虫的触角较雌性发达，能准确接收雌性昆虫在远处释放的性信息素。对于某些昆虫，触角还有其他作用。例如，芫菁的雄虫在交配时触角有抱握雌虫的作用，仰泳蝽在水中将触角展开有平衡身体的作用，水龟虫用触角帮助呼吸，萤蚊幼虫用触角捕捉猎物，云斑鳃金龟的雄虫用触角发声，用于招引雌虫。

2. 口器　口器是昆虫的取食器官。昆虫因食性及取食方式的不同，形成不同类型的口器。取食固体食物的为咀嚼式，取食液体食物的为吸收式，兼食固体和液体食物的为嚼吸式；其中吸食表面液体的为舐吸式或虹吸式，吸食寄主内部液体的为刺吸式、锉吸式和捕吸式。其中咀嚼式口器是最原始的类型，其他类型均由咀嚼式口器演变而来。

● 第二节　昆虫的胸部

胸部是昆虫体躯的第二个体段，由前胸、中胸及后胸3个体节组成。每一胸节有1对足，大部分无翅昆虫各胸节的大小、形状十分相似，而大多数有翅亚纲昆虫的中、后胸上各具1对翅，因其形态上与前胸差别较大特称为具翅胸节。

一、胸部的基本构造

无翅昆虫和其他昆虫的幼虫期，胸节构造比较简单，且3个胸节基本相似。有翅昆虫的胸部，由于适应足和翅的运动，胸部需要承受强大肌肉的牵引力，所以胸部骨板高度骨化，骨间的结构非常紧密，骨板内面的内脊或内突上生有强大的肌肉。每一胸节均由背面的背板、腹面的腹板和两侧的侧板组成，各骨板又被其上的沟、缝划分为许多小骨片。

1. 前胸　昆虫的前胸无翅，构造比较简单，但在各类昆虫中变化很大，其发达程度常与前足是否发达相适应。如螳螂前足特化为捕捉足，蝼蛄前足特化为开掘足，前胸都很发达。

前胸侧板和腹板一般都不发达，但背板因种类不同常有很大变化。例如，蝗虫类的前胸背板呈马鞍形，两侧向下扩展，几乎盖住整个侧板；菱蝗类的前胸背板向后延伸至腹部末端；半翅目、鞘翅目的前胸背板也很发达；膜翅目的前胸背板通常变为一狭小骨片。

2. 具翅胸节　具翅胸节2节的结构相似，背板、侧板和腹板通常均很发达，被一些沟划分为许多小骨片，各种小骨片均有专门的名称（图1-4）。具翅胸节背板常被前胸背板或翅覆盖，如半翅目、鞘翅目昆虫的中胸和后胸背板被翅覆盖，仅中胸小盾片露在翅基部之间，为一小三角形骨片，但半翅目盾蝽的中胸小盾片甚大，可将翅和整个腹部完全覆盖起来。鳞翅目、双翅目和膜翅目的昆虫，主要靠前翅飞行，其中胸比后胸发达。

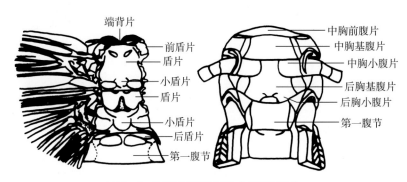

图1-4　东亚飞蝗的胸部（仿虞佩玉）

1.背面观；2.腹面观

二、胸部的附器

1.胸足　昆虫成虫期具胸足3对，前胸、中胸、后胸各1对，分别称为前足、中足和后足。

胸足一般由6节组成，从基部到端部依次称为基节、转节、腿节、胫节、跗节和前跗节（图1-5-1）。前跗节一般具两个侧爪，侧爪间有一中垫或爪间突，有时在爪下面还有爪垫。昆虫的胸足原是适于陆生的行走器官，但在各类昆虫中，因生活环境和生活方式的不同，其功能与形态出现了一些变化。根据其结构与功能，昆虫的足分为不同的类型（图1-5-2），常见的有步行足、跳跃足、捕捉足、开掘足、游泳足、抱握足、携粉足等。

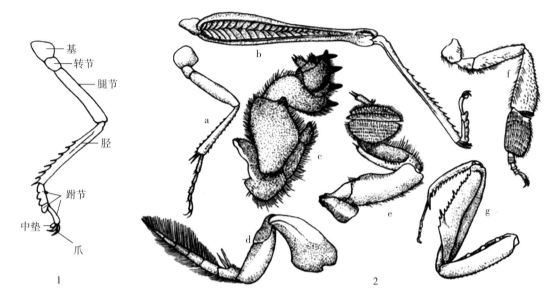

图1-5　昆虫足的基本构造和类型

1.昆虫足的基本构造；2.足的类型：a.步行足（步甲虫）、b.跳跃足（蝗虫后足）、c.开掘足（蝼蛄前足）、d.游泳足（龙虱后足）、e.抱握足（雄龙虱前足）、f.携粉足（蜜蜂后足）、g.捕捉足（螳螂前足）

2.翅　昆虫是动物界中最早获得飞行能力的类群，同时也是无脊椎动物中唯一具翅的类群。翅对昆虫觅食、寻偶、交配、避敌以及迁移扩散等行为具有重要作用，是昆虫纲繁盛的重要原因之一。大多数昆虫的中胸和后胸上各有1对翅，分别称为前翅和后翅；少数只有1对翅，有些种类后翅退化为平衡棒，如蝇、蚊和雄性介壳虫；有些种类翅完全退化或消失，如虱目、蚤目；另外还有同种昆虫内仅雄虫具翅，雌虫无翅的现象，如介壳虫、草原毛虫等。

（1）翅的基本结构　翅一般近三角形，所以有3缘3角。将其平展时，靠近头部的一边称前缘，靠近尾部的一边称后缘或内缘，在前缘与后缘之间的边称外缘。翅基部的角叫肩角，前缘与外缘的夹角叫顶角，外缘与内缘的夹角叫臀角（图1-6）。

（2）翅的类型　根据翅的形状、质地与功能可将翅分为不同类型，常见的有9种。

①膜翅：膜质，薄而透明，翅脉明显可见。为昆虫中最常见的一类翅，如蜻蜓、草蛉、蜂类的前后翅、蝗虫、甲虫、蝽类的后翅等。

②毛翅：膜质，翅面与翅脉被很多毛，多不透明或半透明。如石蛾的翅。

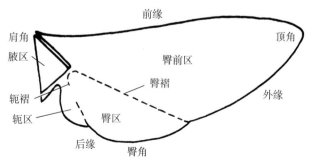

图1-6　翅的缘、角和分区

③鳞翅：膜质，因密被鳞片外观多不透明。如蝶、蛾的翅。

④缨翅：膜质透明，翅脉退化，最多有2条纵脉，翅缘具缨状长毛。如蓟马的翅。

⑤覆翅：革质，多不透明或半透明，翅脉仍保留，主要起保护后翅的作用。如蝗虫类、螳螂的前翅。

⑥半鞘翅：翅基半部革质，端半部膜质。如大多数蝽类的前翅。

⑦鞘翅：翅角质化，坚硬，翅脉消失，主要用于保护后翅与背部。如甲虫的前翅。

⑧平衡棒：呈小形棍棒状，飞翔时用以平衡身体。如双翅目昆虫与雄蚧的后翅。

（3）翅脉与脉序　翅脉是翅的两层薄壁间纵横分布的条纹，由气管部位加厚形成，对翅膜起支架作用。翅脉在翅面上的分布形式，称为脉序或脉相。脉序在不同昆虫之间存在一定的差别，而在同一类群中则相对稳定，因此常作为分类的重要依据。

昆虫学者对现生昆虫和古化石昆虫的翅脉加以分析、比较，归纳概括出一种模式脉序，或称标准脉序（图1-7），作为比较各种昆虫翅脉变化的科学标准。

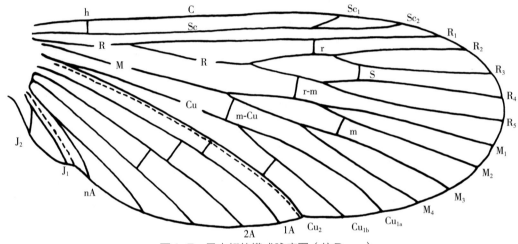

图1-7　昆虫翅的模式脉序图（仿Ross）

翅脉分纵脉和横脉，纵脉是从翅基部伸到翅边缘的翅脉，横脉是横列在纵脉之间的短脉。模式脉序的纵脉和横脉都有一定的名称和缩写代号（表1-1、表1-2）。

表1-1　昆虫翅的模式纵脉

名称	缩写符号	分支数	特点
前缘脉	C	1	不分支，一般构成翅的前缘
亚前缘脉	Sc	2	端部分2支，分别称第一、第二亚前缘脉
径脉	R	5	先分叉为2支：第一径脉R_1和径分脉Rs，Rs再分支，即第二径脉到第五径脉，R_2，R_3，R_4，R_5
中脉	M	4	先分2支：再各分2支，即第一到第四中脉，M_1，M_2，M_3，M_4
肘脉	Cu	3	先分为第一肘脉Cu_1和第二肘脉Cu_2，Cu_1再分为2支，即Cu_{1a}，Cu_{1b}
臀脉	A	1~3	不分支，一般为3条，即第一到第三臀脉，1A，2A，3A
轭脉	J	2	一般分为2条，即第一、第二轭脉，J_1，J_2

表1-2 昆虫翅的模式横脉

名称	缩写符号	位置
肩横脉	h	在近肩角处，连接 C 和 Sc
径横脉	r	连接 R_1 与 Rs
分横脉	s	连接 Rs 与 R_4；或 R_{2+3} 与 R_{4+5}
径中横脉	r-m	连接 R_{4+5} 与 M_{1+2}
中横脉	m	连接 M_2 与 M_3
中肘横脉	m-Cu	连接 M_{3+4} 与 Cu_1

现生昆虫的脉序除毛翅目石蛾和长翅目褐蛉的脉序接近标准脉序外，大多数昆虫翅脉均有增多、减少甚至全部或部分消失的情况。增多的方式有两种：一种是在原有纵脉的基础上再分枝，称副脉；另一种是在两纵脉间加插1条纵脉，它不是原有的纵脉分出来的，是游离的，这类翅脉称为润脉。翅脉的减少，主要由于相邻两翅脉的合并，常见于鳞翅目和双翅目等昆虫中。在蓟马、粉虱、瘿蚊、小蜂等昆虫中，翅脉大部分消失，仅有1～2条纵脉留存于翅面上。

昆虫翅面还被横脉划分成许多小区，称翅室。四周均被翅脉所围绕的称闭室，一边开口于翅边缘的则称为开室。翅室的命名是依据它前面的纵脉而定的，如Sc脉后的翅室称Sc室或亚前缘室。鳞翅目昆虫的中脉基部常中断而形成一个较大的翅室，称为中室。

（4）翅的连锁 在前翅发达并用作飞行器官的昆虫，如半翅目、鳞翅目、膜翅目等，其后翅不发达，前、后翅借用一些连锁器连接起来，使前后翅在飞行时相互配合，协调动作。

昆虫翅的连锁器主要有：翅轭，为蝙蝠蛾等具有；翅缰，为大多数蛾类具有；翅抱，为蝶类、枯叶蛾、天蚕蛾等具有；翅钩列，为膜翅目昆虫具有；翅褶，为半翅目昆虫蝉等所具有（图1-8）。

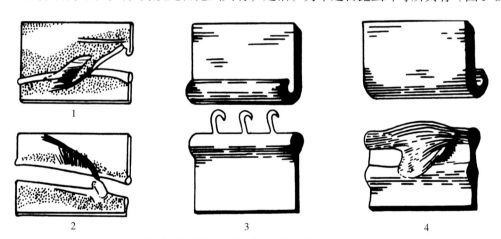

图1-8 昆虫翅的连锁器（仿Eidmann）

1.翅轭（反面观）；2.翅缰和翅缰钩（反面观）；3.后翅的翅钩和前翅的卷褶；4.前翅的卷褶和后翅的短褶

● 第三节 昆虫的腹部

腹部是昆虫体躯的第三个体段，多数有翅昆虫第一腹节的端背片与后胸的悬骨有关，所以胸部与腹部紧密相连。膜翅目细腰亚目昆虫的腹部第一节甚至与后胸合并成胸部的一部分，称为并胸腹节。腹部内部包藏着主要的内脏器官及生殖器官，是昆虫新陈代谢和生殖的中心。

一、腹部的基本结构

昆虫腹部一般呈椭圆形或扁圆形，也有细杆状、球形、基部细长如柄、平扁或立扁的。原始昆虫一般12节（11腹节＋尾节），大多数昆虫9～11节，但有的种类仅有5～6节，如蜂、蝇等。腹部除了末端数节外，一般无附肢，各节由背板、腹板和连接它们的侧膜组成，没有侧板。各节间由柔软的节间膜连接。因此，腹节可以相互套叠，伸缩弯曲，以利于交配和产卵等活动。

二、外生殖器

无翅亚纲昆虫的腹部，除外生殖器和尾须外，内脏节上亦有各种特殊的附肢。有翅亚纲除鳞翅目、膜翅目叶蜂科幼虫腹部有腹足外，而成虫期除了外生殖器和尾须外，腹部再无别的附肢。

1. 雌性外生殖器 雌性外生殖器通常称为产卵器，位于腹部第8节和第9节的腹面，是这两节的附肢特化而成。产卵器的构造较简单，主要由3对产卵瓣组成，第一对着生在第8腹节的第1载瓣片上，称为腹产卵瓣（或第一产卵瓣）；第二对着生于第9节的第2载瓣上，称为内产卵瓣（或第二产卵瓣），第2载瓣上向后伸出的瓣状外长物叫第3产卵瓣或称背产卵瓣。生殖孔开口在第8或第9节的腹面（图1-9）。

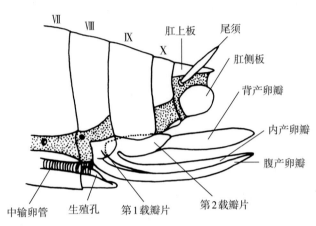

图1-9 雌性产卵器的构造（仿Snodgrass）

昆虫的种类不同，产卵环境不同，产卵器的形状和构造随之发生变异。如蝗虫的产卵器短小呈瓣状，蟋蟀和螽斯的产卵器呈矛状和剑状，叶蝉的产卵器呈刀状，叶蜂和蓟马的产卵器呈锯状，蜜蜂的产卵器特化为螫针。还有的昆虫，如蝇类、甲虫、蝶蛾等，没有由附肢特化成的产卵器，仅腹末数节逐渐变细，互相套叠成可伸缩的具有产卵功能的构造，称为伪产卵器。

2. 雄性外生殖器 雄性外生殖器通常称为交尾器或交配器，位于第9腹节腹面，构造比较复杂，具有种的特异性，在昆虫分类上常用作种和近缘种类群鉴定的重要特征。交配器主要包括一个将精液射入雌体内的阳具和1对抱握雌体的抱握器（图1-10）。

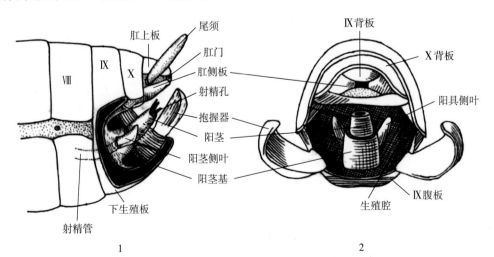

1

2

图1-10 雄性外生殖器的基本构造（仿Weber & Snodgrass）

1.侧面观，部分体壁已去除，示其内部构造；2.后面观

阳具由阳茎及其辅助构造所组成，着生在第9腹节腹板后方的节间膜上，此膜往往内陷形成生殖腔，阳具可伸缩其中，平时阳具常隐藏于腔内。交配时借血液的压力和肌肉的活动，能把阳茎伸入雌虫阴道内，把精液排入雌虫体内。

抱握器一般为第9腹节的1对附肢特化而成，多不分节。抱握器的形状亦多变化，通常为叶状、钩状、钳状和长臂状，交配时用于抱握雌体。

第二章　昆虫分类学

昆虫分类学中，根据形态相似性和亲缘关系进行归类。一些形态相似、亲缘关系相近的种集合在一起组成属（Genus），特征相近的属组成科（Family），近缘的科组成目（Order），目上又归为纲（Class），纲上并为界（Kingdom）。这些界、门、纲、目、科、属和种的排列等级就是分类阶元（Category），即生物分类的排列秩级或水平。排列在一定分类阶元上的具体的分类类群，有具体的名称，称为分类单元，如膜翅目、蜜蜂科、蜜蜂属、中华蜜蜂等。

种(Species)，也叫物种，是分类学的核心问题。关于种的判别标准，历史上曾经有过激烈的争论，但生物学范畴里种的概念为人们所普遍接受，即形态相似，占有一定的分布空间，同种间可以交配产生可育后代，而与他种间存在生殖隔离的居群。亚种（Subspecies）是指昆虫种内由于地理分布或寄主不同，并具有一定的形态差异的亚群。亚种通常是由于地理隔离形成的，所以又称地理亚种。

昆虫种的学名由属名和种名两个拉丁单词或拉丁化的单词组成，属名在前，种名在后，称为双名法，如中华草蛉（*Chrysoperla sinica* Tjeder）。一般学名中属名的首字母必须大写，其余小写，后面还常常加上定名人的姓，但定名人的姓氏不包括在双名法内。姓氏首字母大写，但不斜体。学名印刷时常常用斜体。昆虫亚种的学名由3个拉丁词或拉丁化的词所构成，即属名、种名和亚种名，亚种名直接放于种名之后，称为三名法，如西双杂毛虫（*Cyclophragma ampla xishuangensis* Tsai et Hou）。

迄今为止，全世界已有近30位昆虫分类学家对昆虫纲提出了不同的分目系统。国内采用蔡邦华（1956）的2亚纲33目系统，或稍做修改。随着分子系统学的发展，将广义的昆虫纲Insecta（*s. lat.*），即六足总纲Hexapoda，分为内口纲和狭义的昆虫纲Insecta（*s.str.*），后者又分为无翅亚纲和有翅亚纲。其中内口纲包括原尾目、弹尾目、双尾目3个目，无翅亚纲包括2个目。有翅亚纲又分为古翅类和新翅类，古翅类仅包含2个目，即蜻蜓目和蜉蝣目；新翅类26个目，其中外翅部15个目，包括蜚蠊目、螳螂目、等翅目、缺翅目、襀翅目、竹节虫目、蛩蠊目、直翅目、纺足目、革翅目、半翅目、啮虫目、食毛目、虱目和缨翅目，内翅部11个目，包括鞘翅目、捻翅目、脉翅目、广翅目、蛇蛉目、长翅目、毛翅目、鳞翅目、双翅目、蚤目、膜翅目。在这33个目中，直翅目、半翅目、缨翅目、鞘翅目、脉翅目、鳞翅目、双翅目和膜翅目8个目包括了保护区的大部分害虫和益虫。

● 第一节　直翅目Orthoptera

直翅目包括蝗虫、蚱蜢、蝼蛄、蟋蟀、螽斯等昆虫。全世界已知近2万种，中国已知1000余种。

一、识别特征及生物学习性

体中至大型。口器咀嚼式。复眼发达，有翅类群单眼2～3个，无翅类群无单眼。触角多为丝状。前胸背板常向侧下方延伸，呈马鞍形。前翅狭长，加厚成皮革质，称作覆翅；后翅宽大，膜质，静止时似扇状折叠在前翅下。后足发达为跳跃足，或前足为开掘足。腹末具尾须1对，雌虫产卵器多外露。

渐变态，若虫与成虫外形和生活习性均相似。卵圆柱形，或略弯曲，单产或成块。蝗虫产卵于土中，螽斯产卵于植物组织中。陆生，蝗虫生活在地面，螽斯生活在植物上，蝼蛄生活在土壤中。多数植食性，取食植物叶片等，许多种类是农牧业的重要害虫；少数种类肉食性。很多种类雄虫能发声，如蝈蝈；有的雄虫具好斗习性，如斗蟋。

二、重要科及其识别特征

1. 蝗科 Locustidae 俗称蚂蚱。触角显著比体短，丝状、棒状或剑状。前胸背板呈马鞍形。跗节3节，爪间有中垫。后足为跳跃足。听器位于腹部第一节背板两侧。尾须短。产卵器呈短锥状或凿状（图2-1）。

图2-1 亚洲飞蝗
（仿陆伯林）

2. 蝼蛄科 Gryllotalpidae 俗称拉拉蛄。触角显著比体短，但30节以上。前足为典型的开掘足，跗节3节。前翅甚小；后翅宽，纵卷成尾状伸过腹末。前足胫节上的听器退化，呈裂缝状。尾须长。产卵器不外露（图2-2）。生活史长，通常栖息于土中，咬食植物种子或根部。

3. 蟋蟀科 Gryllidae 俗称蛐蛐。触角线状，长于体躯。听器2个，在前足胫节两侧。跗节3节。后翅发达，长过前翅。尾须长，但不分节。产卵器发达，针状或长矛状（图2-3）。多杂食性，穴居，常发生在低洼处、河边、沟边及杂草丛中，危害各种作物，以及树苗、果树和牧草等。

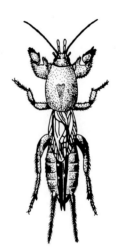

图2-2 单刺蝼蛄
（仿周尧）

4. 螽斯科 Tettigoniidae 俗称蝈蝈。触角线状比身体长。产卵器刀剑状。跗节4节。尾长，不分节。尾须短小。雄性能发音，发音器在前翅基部。翅通常发达，也有短翅或无翅的种类。前足胫节基部有听器。多数种类为绿色，有的暗色，或有暗色斑纹（图2-4）。

一般植食性，有时为肉食性。卵扁平，产在植物组织内，成纵行排列。

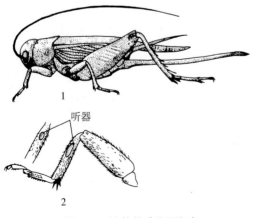

听器

图2-3 油葫芦（仿周尧）
1. 成虫；2. 前足

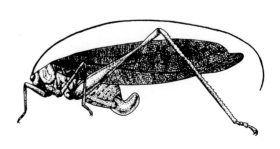

图2-4 日本露螽
（仿周尧）

● 第二节　半翅目 Hemiptera

半翅目体小至大型。口器刺吸式。翅2对，少数种类无翅，或后翅退化。包括异翅类和同翅类。

一、识别特征及生物学习性

1. 异翅类　通常指椿象，属于异翅亚目，简称蝽，俗称臭板虫。体扁平。喙从头的前端伸出，不用时贴在头胸腹面。触角一般4～5节。前翅为半鞘翅，基半部革质，可分成革片、爪片、楔片等；端半部膜质，称作膜片，上常具脉纹。静止时翅平放在身体背面，末端部分交叉重叠。许多种类有臭腺，开口于胸部腹面两侧和腹部背面等处，能发出恶臭气味（图2-5）。

渐变态。陆生或水生。多数为植食性，危害各种农作物、牧草、蔬菜、果树和林木，刺吸其嫩枝、嫩茎、嫩叶或果实的汁液；少数捕食性，对害虫的生物防治具有一定意义；也有卫生害虫，如臭虫吮吸人血，传染疾病。

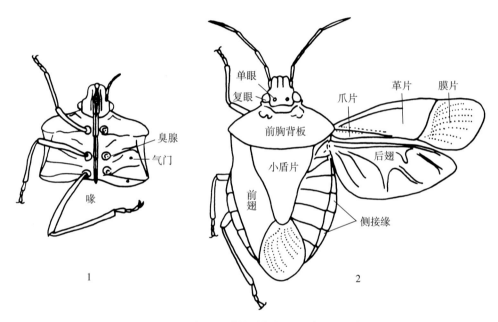

图2-5　半翅目（蝽科）特征图（仿周尧）

1. 体前段腹面；2. 整体背面观（右翅展开）

2. 同翅类　包括常见的蝉、叶蝉、飞虱、蚜虫、介壳虫、粉虱等昆虫，属于胸喙亚目、蝉亚目等。刺吸式口器从胸部基节间或者从头部后下方伸出。触角丝状或刚毛状。前翅质地较一致，膜质或皮革质，静止时在体背呈屋脊状；有些种类短翅或无翅；雄性介壳虫仅有1对前翅，后翅退化成平衡棒。跗节1～3节。

多数为渐变态，若虫与成虫形态和生活习性相似。但粉虱和雄性介壳虫为过渐变态。繁殖方式多样，可卵生、胎生；可两性生殖，亦有孤雌生殖。植食性，以刺吸植物的汁液为害。蚜、蚧、粉虱等排泄大量的含糖物质，称作蜜露，能引起煤污病的发生，影响植物的光合作用。有的种类还能传播植物的病毒病。

二、重要科及其识别特征

1. 蝽科 Pentatomidae　体小型至大型，常扁平而宽。头小，触角5节，单眼2个。喙4节。前翅分为革片、爪片和膜片3部分；膜片一般有5条纵脉，发自基部1根横脉上。中胸小盾片发达，三角形，至少超过爪片的长度（图2-6）。常有臭腺。多为植食性，少数为肉食性。卵桶形，聚产在植物叶片上。

2. 缘蝽科 Coreidae　体中型至大型，体常狭长，多为褐色或绿色。触角4节，着生于头部两侧上方。单眼存在。喙4节。前翅爪片长于中胸小盾片，结合缝明显。膜片上从一基横脉上分出多条平行纵脉（图2-7）。大多数种类为植食性，刺吸植物幼嫩部分，引起植物萎蔫甚至死亡。

3. 长蝽科 Lygaeidae　体小型至中型，卵圆形或长卵形，多为黑色、褐色或红色。触角4节，着生之处偏于腹面。单眼有。前翅膜片上有4~5条简单的不分叉的纵脉。多为植食性，不少种类取食植物种子。

4. 土蝽科 Cydnidae　小型至中型，卵圆形，黑色，有蓝色光泽。体表常有刚毛和短刺。头部短宽，触角5节或4节。小盾片发达，长过前翅爪片，但不伸达腹末。前足开掘式，胫节扁平，两侧具粗刺，中、后足顶端有刷状毛（图2-8）。成、若虫生活在土壤中或石块、叶堆下，吸食植物嫩根。

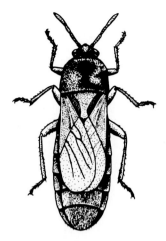

图2-6　粟长蝽（仿周尧）

图2-7　缘蝽科的前翅（仿周尧）

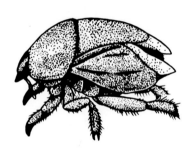

图2-8　根土蝽（仿周尧）

5. 盲蝽科 Miridae　体小型，纤弱，稍扁平。触角4节。无单眼。前翅分革片、爪片、楔片和膜片4部分，膜片基部有1~2个小型翅室，其余纵脉消失（图2-9）。多数为植食性；少数为肉食性，捕食小虫及螨类。

6. 花蝽科 Anthocoridae　体形小或微小。通常有单眼，触角4节，第三、四节之和比第一、二节之和短。喙长，3节或4节。跗节3节。前翅有明显的楔片和缘片，膜片上纵脉简单或无（图2-10）。成、若虫常在地面、植株上活动，捕食蚜虫、介壳虫、粉虱、蓟马和螨类等。

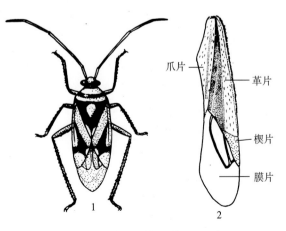

爪片

革片

楔片

膜片

1

2

图2-9　三点盲蝽（仿周尧）

1. 成虫；2. 前翅

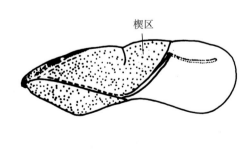

楔区

图2-10　花蝽科的前翅

（仿Silvestri）

7. 猎蝽科 Reduviidae 体小型至大型。头部尖、长，在复眼后细缩如颈状。触角4~5节。喙3节，粗壮而弯曲。前翅革片脉纹发达，膜片上常有2个大翅室，端部伸出1长脉（图2-11）。腹部中段常膨大。部分种类栖息于植物上；部分种类喜躲藏于树洞、缝隙等暗处。捕食性，是害虫的重要天敌类群之一。

8. 姬蝽科 Nabidae 体瘦长，多灰色、褐色。触角4~5节。前胸背板狭长，前面有横沟。前翅膜片上有纵脉形成的2~3个长形的小室，并由它们分出一些短的分支。前足捕捉式，跗节3节，无爪垫（图2-12）。常在草本植物上活动，捕食小型昆虫。

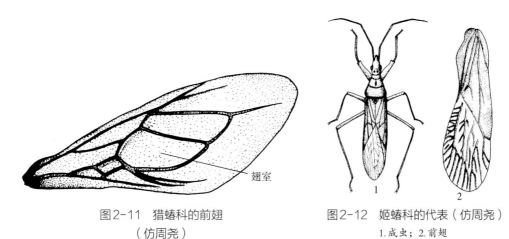

图2-11 猎蝽科的前翅　　图2-12 姬蝽科的代表（仿周尧）
　　（仿周尧）　　　　　　　1.成虫；2.前翅

9. 蝉科 Cicadidae 俗称知了。体中型至大型。触角刚毛状。单眼3个，呈三角形排列。前足开掘足，腿节膨大，下缘具齿或刺；后足腿节细长，不会跳跃；跗节3节（图2-13）。雄蝉腹部第1节有发音器；雌蝉产卵器发达，将卵产在植物嫩枝内，常导致枝梢枯死。幼蝉生活在土中，吸食植物根部汁液。生活史长。

图2-13 蝉科的代表（蚱蝉）
（仿周尧）

10. 叶蝉科 Cicadellidae 俗称浮尘子。体小型。触角刚毛状，生于复眼前方或两复眼之间。单眼2个。前翅革质。后足发达，善跳跃，其胫节下方有2列刺状毛，且着生在棱脊上，这是叶蝉科最显著的鉴别特征（图2-14）。雌虫产卵器锯状，将卵产在植物组织内。成、若虫主要以吸食植物汁液为害，有些种类还能传播植物病毒病。本科为半翅目同翅类中最大的科。

11. 飞虱科 Delphacidae 通称飞虱。小型善跳昆虫。触角锥状，生于头侧两复眼之下。后足胫节末端有1扁平能活动的大距，这是本科最显著的特征（图2-15）。有些种类有长翅型和短翅型之分。主要危害禾本科植物。

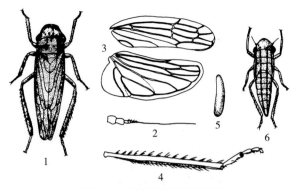

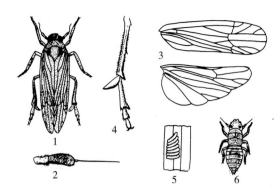

图2-14　大青叶蝉（仿周尧）
1.成虫；2.触角；3.前后翅；4.后足；5.卵；6.若虫

图2-15　稻灰飞虱（仿Silvestri）
1.成虫；2.触角；3.前后翅；4.后足；5.卵；6.若虫

12. 蚜科 Aphididae　通称蚜虫。体微小型至小型，柔软，有翅或无翅。触角长，通常6节，末节中部起突然变细，明显分为基部和鞭状部两部分，第3～6节常有圆形或椭圆形的感觉孔。多数种类在腹部第6或7节背面两侧有1对腹管。腹末生有一个圆锥形或乳头状的尾片（图2-16）。生活史极其复杂，行周期性的孤雌生殖。1年可发生10～30代。多生活在嫩芽、幼枝、叶片和花序上，少数在根部。以成、若虫刺吸植物汁液，并能传播植物病毒病。

13. 盾蚧科 Diaspididae　雌雄异型。雌成虫体微小，被由若虫蜕皮和分泌物所组成的介壳所遮盖；触角和足退化，无复眼；腹部末端几节愈合成硬化的臀板（图2-17）。雄成虫有1对前翅，具1条两分叉的翅脉；具触角和足；腹末无蜡丝；交尾器狭长。1龄幼虫足和眼发达；触角5～6节，末节很长，常具有螺旋状环纹。除1龄幼虫可爬行或随风等扩散，雄成虫短距离飞行外，其他虫龄营固着生活。主要危害乔木和灌木，少数种类寄生在草本植物上。

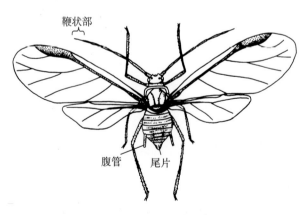

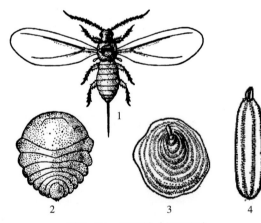

图2-16　蚜科的代表（桃蚜）
（仿周尧）

图2-17　桑盾蚧（仿周尧）
1.雄成虫；2.雌成虫；3.雌蚧壳；4.雄蚧壳

● **第三节　缨翅目 Thysanoptera**

缨翅目通称蓟马。全世界已记录约6000种，我国已知340余种。

一、识别特征及生物学习性

体微小，体长大多为1～2mm，最小的只有0.5mm，细长而略扁。触角6～9节，线状，略呈念珠状。口器圆锥形，锉吸式，能锉破植物的表皮而吮吸其汁液。翅2对，为缨翅。足短小，跗节1～2节，末端有1泡状中垫。腹部圆筒形或纺锤形，尾须无。

过渐变态，其特点是1、2龄若虫无外生翅芽，3龄出现翅芽，相对不太活动，为"前蛹"，4龄不食不动，进入"蛹期"。成虫常见于花上。多数种类植食性，危害牧草和农作物，少数捕食性，可捕食蚜虫、螨类等。

二、重要科及其识别特征

1. 管蓟马科 Phlaeothripidae　多数种类黑色或暗褐色。触角4～8节，有锥状感觉器。前翅面光滑无毛，翅脉无或仅有1条简单中脉。腹部末节管状，产卵器无（图2-18）。生活周期短，卵产于缝隙中。

2. 蓟马科 Thripidae　触角6～8节，末端1～2节形成端刺，第3～4节上常有感觉器。翅有或无，有翅者翅狭长，末端尖，无横脉。雌虫腹部末节圆锥形，腹面纵裂，产卵器锯状，向下弯曲（图2-19），产卵于植物组织内。

3. 纹蓟马科 Aeolothripidae　触角9节。翅较阔，前翅末端圆形，2条纵脉从基部伸到翅缘，有横脉。雌虫腹部末节圆锥形，腹面纵裂，锯状产卵器向上弯曲（图2-20）。

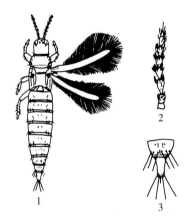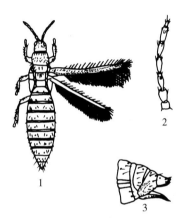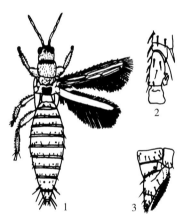

图2-18　麦蓟马（仿黑泽等）	图2-19　烟蓟马（仿黑泽等）	图2-20　横纹蓟马（仿黑泽等）
1.成虫；2.触角；3.腹部末端	1.成虫；2.触角；3.腹部末端	1.成虫；2.足末端；3.腹部末端

● 第四节　脉翅目 Neuroptera

脉翅目包括草蛉、蚁蛉、褐蛉、螳蛉、蝶角蛉等昆虫。全世界已知约5000种，我国已知200余种。

一、识别特征及生物学习性

体小至大型。口器咀嚼式。触角细长，丝状、念珠状、棒状等。复眼发达。单眼3个或无。前后翅大小、形状和脉纹均相似；翅膜质，翅脉多分支，呈网状，在边缘处多分叉。通常有翅痣。

完全变态。卵多为长卵形或有小突起。幼虫寡足型，行动活泼。口器的两上颚和两下颚各形成镰刀形尖细的长管，用来咬住俘虏而吮吸其体液。蛹为离蛹，化蛹于丝茧中。成、幼虫均捕食性，以蚜虫、蚂蚁、介壳虫、螨类等昆虫为食，是重要的天敌昆虫类群。

二、重要科及其识别特征

草蛉科 Chrysopidae　体中型，身体细长，纤弱。多呈绿色，少数为黄褐色或灰色。触角丝状，细长。复眼有金色光泽，相距较远。单眼无。前后翅的形状和脉相相似，或前翅略大。翅多无色透明，少数有褐斑。前缘横脉不分叉（图2-21）。

卵长椭圆形，基部都有1条丝质的长柄，多产在有蚜虫的植物上。幼虫称蚜狮，长形，两头尖削；前口式，上、下颚合成的吸管长而尖，伸在头的前面；胸腹部两侧均生有具毛的疣状突起。本科成、幼虫主要捕食蚜虫，也可捕食蚧虫、木虱、叶蝉、粉虱及螨类，为重要益虫，目前已有10余种用于生物防治中。

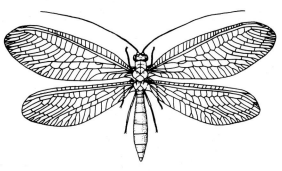

图2-21 叶色草蛉（仿周尧）

● 第五节 鳞翅目Lepidoptera

鳞翅目包括蝶、蛾两类昆虫。全世界已知约16万种，我国已知约9000种，是昆虫纲中仅次于鞘翅目的第二大目。

一、识别特征及生物学习性

体小至大型。触角丝状、球杆状或羽状。口器虹吸式。复眼1对，单眼通常2个。翅2对，为鳞翅，常形成各种斑纹。前翅纵脉13～14条，最多15条，后翅多至10条。脉相和翅上斑纹是分类和种类鉴定的重要依据（图2-22）。身体和附肢上亦具鳞片和毛。

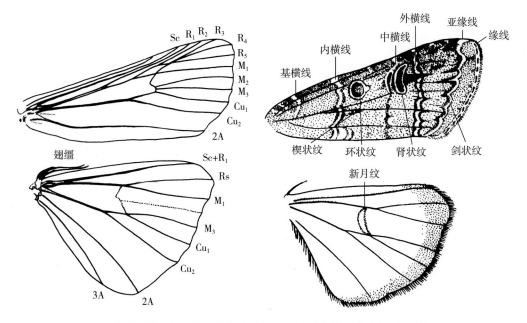

图2-22 鳞翅目成虫翅的脉相和斑纹（小地老虎）（仿周尧）

1.脉相；2.斑纹

完全变态。幼虫为多足型，体圆柱形，柔软，常有不同颜色的纵向线纹（图2-23），身体各部分具有各种外被物（图2-24），最普通的是刚毛，还有毛瘤、毛撮、毛突和枝刺等，胸部或腹部常具有腺体。头部坚硬，额狭窄，呈"人"字形，口器咀嚼式。胸足3对。腹足5对，着生在第3～6腹节和第10腹节上，最后1对腹足称为臀足。腹足末端有趾钩，其排列方式，按长短高低分为单序、双序或多序；按排列的形状分为环式、缺环式、中列式和二横带式（图2-25），是幼虫分

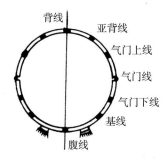

图2-23 鳞翅目幼虫的线纹示意

类的重要特征。蛹常为被蛹。蝶类化蛹多不结茧，蛾类常在土室或丝茧等隐蔽环境中化蛹。蝶类成虫多在白天活动，蛾类大多在夜间活动，许多种类具趋光性。二者均具有访花习性，从而为植物传粉。

鳞翅目昆虫幼虫绝大多数为植食性，许多种类为农林重大害虫。取食、危害方式多样，或自由取食，或卷叶、缀叶，以及潜叶、蛀茎、蛀果，少数可形成虫瘿。桑蚕、柞蚕等能吐丝织绸，蝙蝠蛾的幼虫被虫菌寄生后形成冬虫夏草，皆为重要的资源昆虫。

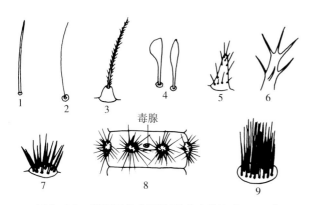

图2-24 鳞翅目幼虫毛的形式（仿Peterson）
1.普通毛（附毛片）；2.线状毛；3.羽状毛（附毛突）；4.刀片状毛；
5～6.枝刺；7.毛疣；8.毒蛾一体节（示毛疣及毒腺）；9.毛撮

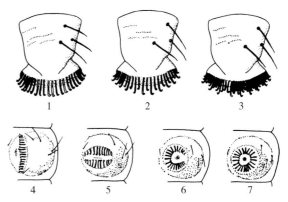

图2-25 鳞翅目幼虫腹足趾钩及其排列方式（仿周尧）
1.单序；2.双序；3.三序；4.中列式；5.二横带式；
6.缺环式；7.环式

二、重要科及其识别特征

鳞翅目现分为轭翅、无喙、异蛾和有喙4个亚目。其中有喙亚目包括了98%的蝶类和蛾类昆虫。轭翅亚目为低等蛾类，飞行时前后翅靠翅轭连锁；大部分蛾类触角丝状或羽状，飞行时前后翅靠翅缰连锁；蝶类昆虫触角球杆状，后翅肩区发达，翅抱型连锁；低等种类前后翅脉序相同，即后翅的Rs也有3～4支，称同脉类。高等类群前后翅脉序不同，称异脉类。

1. 凤蝶科Papilionidae 中型或大型美丽的蝴蝶。翅三角形，后翅外缘波状，后角常有一尾状突起。前翅后方有2条从基部生出的独立的脉（臀脉）；后翅臀脉只有1条，肩部有一钩状小脉（肩脉）生在一小室（亚前缘室）上（图2-26）。

幼虫光滑无毛，前胸前缘有"Y"形臭腺，受惊动即伸出，所以易于识别。蛹的头部两侧有角状突，并以丝把蛹缚于附着物上，腹部末端有短钩刺一丛，钩在丝垫上。蛹亦称缢蛹。

2. 粉蝶科Pieridae 体中型，多白色或黄色，翅上有时具斑纹。前翅三角形，径脉4分支，臀脉1条；后翅卵圆形，臀脉2条（图2-27）。幼虫绿色或黄色，体表有许多小突起和次生毛。身体每节分为4～6个环。腹足趾钩中列式，2序或3序。

3. 蛱蝶科Nymphalidae 体中型至大型。翅的颜色常极鲜明，具有各种鲜艳的色斑。触角锤状部分特别膨大。前足退化。前翅R脉5支，中室闭式（图2-28）。幼虫圆筒形，有些种类具头角、尾角各1对，许多种类体上有成列的枝刺。腹足趾钩中列式，三序。

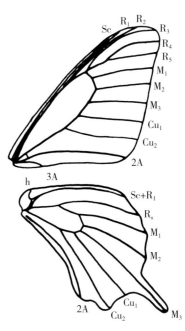

图2-26 凤蝶科的脉序

4. **眼蝶科 Satyridae**　新的分类体系中眼蝶昆虫归入蛱蝶科。体小至中型。体较细弱，色多暗。翅面常有眼状斑或环状纹。前翅有1～3条翅脉基部特别膨大（图2-29）。前足退化，折在胸下。幼虫体纺锤形。头比前胸大，有2个显著的角状突起。趾钩中列式、单序、二序或三序。主要危害禾本科植物。

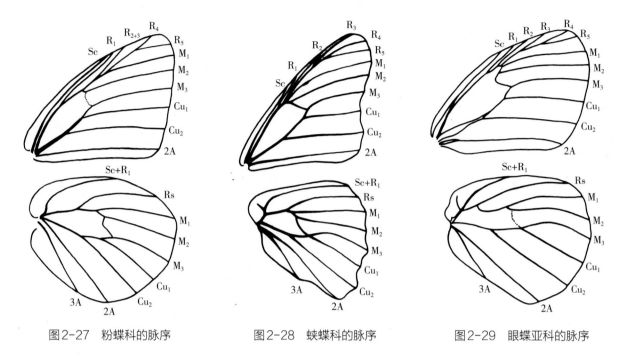

图2-27　粉蝶科的脉序　　　　图2-28　蛱蝶科的脉序　　　　图2-29　眼蝶亚科的脉序

5. **灰蝶科 Lycaenidae**　体小型，纤弱而美丽。触角有白色的环，眼的周围白色。翅表面颜色常为蓝色、古铜色、黑橙色或橙色，有金属闪光，翅反面常为灰色有圆形眼点及微细条纹。后翅无肩脉，外缘常有尾状突起。前翅 M_1 自中室前角伸出（图2-30）。幼虫体扁而短，头缩入胸内，取食时伸出。大多为植食性，很多种类嗜好豆科植物。

6. **夜蛾科 Noctuidae**　体多中型，粗壮。前翅 M_2 基部接近 M_3；后翅 $Sc+R_1$ 和 Rs 脉在基部分离，于近基部接触后又分开，造成1个小的基室（图2-31）。幼虫多数体光滑，腹足趾钩一般为单序中带，少数为双序中带。成虫夜间活动，趋光性和趋糖性强。幼虫多数在植物表面取食叶片，少数蛀茎或营隐蔽生活。

7. **毒蛾科 Lymantriidae**　体中型至大型。体粗壮多毛。喙退化。无单眼。雄虫触角常呈双栉齿状。雌虫有时翅退化或无翅。雌虫腹部末端有成簇的毛，产卵时用以遮盖卵块。前翅 R_2～R_5 共柄，常有一副室，M_2 接近 M_3。后翅 $Sc+R_1$ 与 Rs 在中室基部的1/3处相接触，造成1个大的基室（图2-32）。幼虫体多毛，在某些体节常有成束紧密的毛簇，毛有毒。趾钩单序中列式。

8. **螟蛾科 Pyralidae**　体小至中型，体瘦长，腹部末端尖细。前翅三角形，后翅 $Sc+R_1$ 与 Rs 在中室外有一段极其接近或愈合，M_1 与 M_2 基部远离，各从中室两角伸出（图2-33）。幼虫体细长。腹足短，趾钩通常二序或三序，缺环状。植食性，幼虫常蛀茎或缀叶，营隐蔽生活。

9. **天蛾科 Sphingidae**　大型蛾类，体粗壮呈梭形。触角末端钩状，喙发达。前翅大而狭长，顶角尖，外缘斜直；后翅小，$Sc+R_1$ 与 Rs 在中室中部有1小横脉相连（图2-34）。幼虫肥大，光滑，多为绿色，体侧常有斜纹或眼状斑。第8腹节背中央有1向后上方伸出的角状突起，称作尾角。腹足趾钩2序中列式。成虫飞翔能力强，幼虫食叶为害。

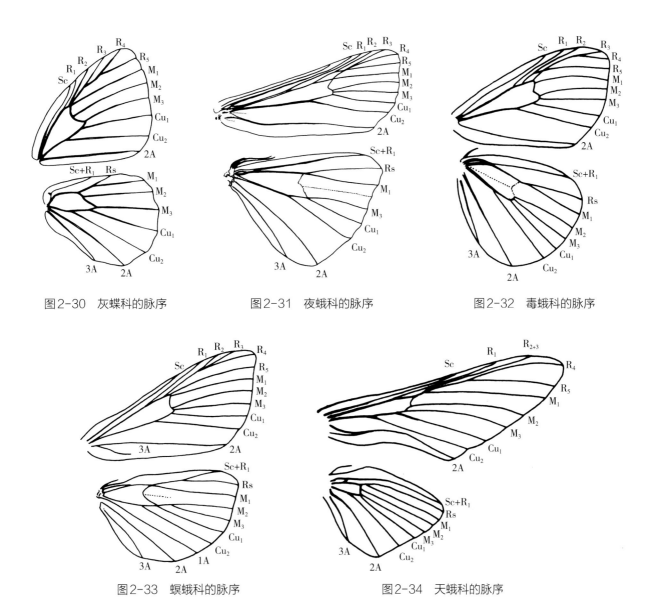

图2-30　灰蝶科的脉序　　　　图2-31　夜蛾科的脉序　　　　图2-32　毒蛾科的脉序

图2-33　螟蛾科的脉序　　　　图2-34　天蛾科的脉序

● 第六节　鞘翅目Coleoptera

鞘翅目通称甲虫。全世界已知约33万种，我国已记载7000多种，是昆虫纲中最大的目。

一、识别特征及生物学习性

体微小型至大型。口器咀嚼式，上颚发达。一般没有单眼。触角10～11节，有各种类型，是分类的重要特征。前胸发达，中胸仅露出三角形小盾片。前翅为鞘翅，静止时覆盖在背上，沿背中线会合呈一直线。腹部腹面5～7节，背面7～9节，无尾须。

完全变态。幼虫寡足型，少数无足型。蛹为离蛹。多为陆生，少数水生。食性较杂。大多植食性，取食植物的不同部位，叶甲吃叶，天牛蛀食木质部，小蠹虫取食形成层，蛴螬（金龟甲幼虫）、金针虫（叩甲幼虫）取食根部，豆象取食豆科种子，许多种类是农作物、牧草、果树、森林及园林的重大害虫。部分种类肉食性，如瓢虫捕食蚜、蚧，可用于生物防治。还有部分种类为腐食性、尸食性或粪食性，在自然界物质循环方面起着重要作用。多数甲虫具假死性，一遇惊扰即收缩附肢坠地装死，以躲避敌害。

二、重要科及其识别特征

鞘翅目通常分为原鞘、菌食、肉食和多食亚目4个亚目（图2-35）。肉食亚目绝大多数为肉食性，前胸背板与侧板之间具有明显的分界线，后足基节固定在后胸腹板上而不能活动，第一腹节腹板被后足基节窝完全分隔开；幼虫衣鱼型，有明显的跗节，通常具爪1对。多食亚目食性复杂，多为植食性，也有肉食性和腐食性等，前胸背板与侧板间无明显的分界线，后足基节可活动，第一腹节腹板没有被后足基节窝完全分隔开；幼虫体型多样，无跗节，通常有1个爪。

1. **步甲科Carabidae**　体小型至大型，多为黑色或褐色而有光泽。头部窄于前胸，前口式。触角细长，线状，着生于上颚基部与复眼之间，触角间距大于上唇宽度。跗节5节。后翅常不发达，不能飞翔（图2-36）。幼虫体长，活泼。触角4节。胸足3对，5节具爪。成、幼虫均为肉食性，靠捕食软体昆虫为生。白天隐藏，夜间活动。常栖息于砖石块、落叶下及土壤中。

2. **鳃金龟科Melolonthidae**　体中型至大型。触角鳃叶状，通常10节，末端3～7节向一侧扩张成瓣状，它能合起来成锤状，少毛。前足开掘式，跗节5节，后足着生位置接近中足而远离腹部末端（图2-37）。幼虫称为蛴螬，体乳白色，粗肥，休息时呈"C"字形弯曲。幼虫生活在土中，常将植物幼苗的根茎咬断，使植物枯死，为一类重要的农、林地下害虫。

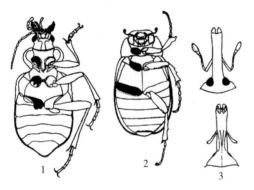
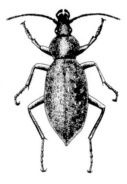
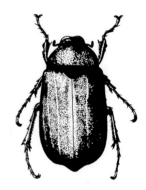

图2-35　鞘翅目特征
1.肉食亚目（步甲）腹面；2.多食亚目（金龟甲）腹面；
3.多食亚目（象甲）头部背面和腹面

图2-36　皱鞘步中
（仿周尧）

图2-37　棕色金龟
（仿周尧）

3. **叩头甲科Elateridae**　通称叩头虫。体小型至中型，体色多暗淡。触角锯齿状或栉齿状，11～12节。前胸可活动，其背板两后侧角常尖锐突出，腹板后方中央有向后伸延的刺状物，插入中胸腹板前方的凹陷内，组成弹跃构造（图2-38）。当体后部被抓住时，前胸不断上下活动，类似"叩头"。幼虫通称金针虫，寡足型，体金黄色或棕黄色，坚硬、光滑、细长。无上唇。腹气门各有2个裂孔。成虫白天活动，幼虫常栖息于土中，食害植物的种子、根部，为重要的地下害虫。

4. **拟步甲科Tenebrionidae**　体小型至大型，一般为灰色或暗色。外形似步甲科，但跗式为5-5-4。头小，部分嵌入前胸。触角11节，线状或棒状，着生于头的侧下方。前胸背板大，鞘翅盖往整个腹部。后翅多退化（图2-39）。

拟步甲科幼虫和叩头甲科幼虫很相似，常称作"伪金针虫"。其区别为唇基明显，上颚具磨区，气门为简单圆形。多数为植食性，许多种类为重要的仓库害虫，如赤拟谷盗（*Triborium castaneum* Herbst）；亦有一些种类是农作物、草地的重要害虫。

5. **芫菁科Meloidae**　长体形，体壁柔软，头大而活动，触角11节，线状，雄虫触角中间有几节膨大。前胸狭，鞘翅末端分歧，不能完全切合。跗节5-5-4式。爪梳状（图2-40）。

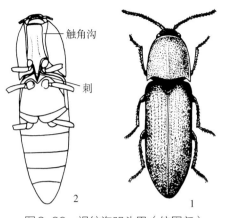

图2-38 褐纹沟叩头甲（仿周尧）

1.背面观；2.腹面观

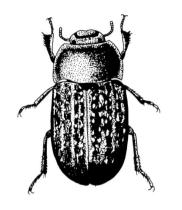

图2-39 网目拟步甲
（仿周尧）

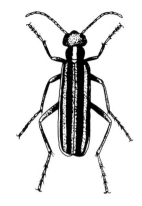

图2-40 芫菁科的代表
（豆芫菁）（仿周尧）

复变态，一生经过复杂。第一龄为衣鱼式的三爪虫，触角、足和尾发达，能入地找寻蝗虫卵块，寄生在卵块中。第二龄起变为蛴螬式。第五龄成为体壁较坚韧、足退化，不能活动的"拟蛹"。第六龄又恢复蛴螬式，最后化蛹。常见种类如豆芫菁（ *Epicauta gorhami* Marseul）。

6. 瓢甲科 Coccinellidae　体半球形，腹面扁平，背面隆起。鞘翅上常具鲜艳的斑纹。头小。触角短锤状（图2-41）。跗节隐4节（伪3节）。幼虫体长形，背面常有毛瘤或枝刺，有时被有蜡粉。成、幼虫食性相同，多数种类肉食性，少数种类为植食性或菌食性。

7. 叶甲科 Chrysomelidae　通称金花虫。体小型至中型，椭圆、圆形或长形。常具有金属光泽。跗节隐5节（第四节很小）（图2-42）。触角丝状，11节。复眼圆形。有些种类（跳甲）的后足发达，善跳。幼虫圆筒形，柔软，似鳞翅目幼虫，但腹足无趾钩。成虫和幼虫均植食性，多取食叶片，少数蛀茎和咬根。

8. 蜣螂科 Scarabaeidae　粪食性的种类。前足开掘式，后足着生处在身体的后部，其距离接近身体末端而远于中足，后足胫节有一端距。触角鳃叶状，其锤状部多毛（图2-43）。

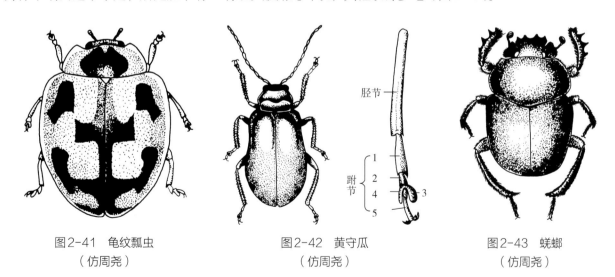

图2-41 龟纹瓢虫
（仿周尧）

图2-42 黄守瓜
（仿周尧）

图2-43 蜣螂
（仿周尧）

9. 粪蜣科 Geotrupidae　和蜣螂科很相似，其区别为后足胫节有2端距，小盾片发达，鞘翅上有明显的沟纹（图2-44）。加拿大和澳大利亚等国利用本科的种类来清除牧场牲畜的粪便。

10. 豆象科 Bruchidae　体小，卵圆形。额向下延伸成短喙状。复眼大，前缘凹入，包围触角基部。触角锯齿状、栉齿状或棒状。鞘翅短，腹末外露（图2-45）。跗节隐5节。腹部可见6节。幼虫复变态。老熟幼虫白或黄色，肥胖，向腹面弯曲。足退化。成虫有访花习性，幼虫蛀食豆粒。

11. 象甲科 Curculionidae　通称象鼻虫。体小型至大型。头部延伸成象鼻状，特称"喙"。咀嚼式口器位于喙的端部。触角多弯曲成膝状，10～12节，端部3节成锤状（图2-46）。跗节隐5节。幼虫体壁柔软，乳白色，肥胖而弯曲。头发达。无足。成虫、幼虫均植食性，许多种类为农林牧业害虫。

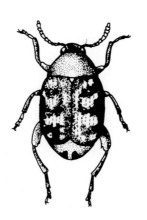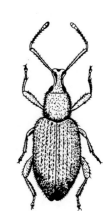

图2-44　犀粪蜣　　　　图2-45　豆象科的代表　　图2-46　象虫科的
　（仿周尧）　　　　（豌豆象）（仿周尧）　　　代表（棉尖象甲）
　　　　　　　　　　　　　　　　　　　　　　　　　　（仿周尧）

● 第七节　膜翅目 Hymenoptera

膜翅目包括常见的各种蜂和蚂蚁。全世界已知约12万种，我国分布2400种，为昆虫纲的第三大目。

一、识别特征及生物学习性

体微小至大型。口器咀嚼式或嚼吸式。触角形状多样，有丝状、念珠状、膝状、栉齿状等。翅膜质，前翅大后翅小，后翅前缘有1列小钩与前翅相连接。翅脉变异很大，前翅常有翅痣存在。跗节一般5节。腹部第1节并入后胸，称作并胸腹节。雌虫产卵器发达，锯状或针状，在高等类群中特化为螯刺。

完全变态。叶蜂类的幼虫多足型，其他类幼虫无足型。蛹为离蛹。生活习性比较复杂，多数为单栖性，少数为群栖性，营社会生活，如蜜蜂、蚂蚁等。一般为两性生殖，也有孤雌生殖和多胚生殖。

膜翅目昆虫很多种类为寄生性，如姬蜂、茧蜂、小蜂等；有些种类为捕食性，如胡蜂、泥蜂等，它们都是重要的天敌类群，在害虫生物防治中发挥着重要作用。有些种类传授植物花粉，如蜜蜂、熊蜂等，能提高植物果实的产量和品质。也有一些为植食性，幼虫取食植物的叶片或蛀茎危害，是农林上的重要害虫。

二、重要科及其识别特征

膜翅目通常分为广腰亚目和细腰亚目（图2-47）。广腰亚目胸部与腹基连接处不收缩成细腰状，后翅有3个基室，产卵器锯状或管状；幼虫均为植食性，包括叶蜂、茎蜂等。细腰亚目腹基部显著缢缩呈细腰状，后翅最多有2个基室；幼虫无足。细腰亚目根据产卵器的功能，再分为锥尾部和针尾部两类：锥尾部腹部末节腹板纵裂，产卵器外露，足转节2节，绝大多数为寄生性；针尾部腹部末节腹板不纵裂，产卵器特化为螯刺而不外露，足转节1节，多为捕食性。

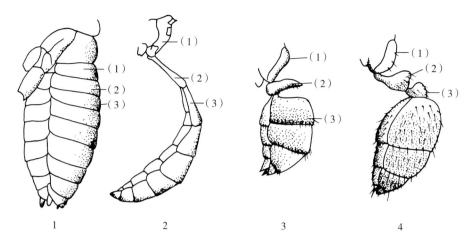

图2-47 膜翅目胸腹部的连接（仿周尧）

1.广腰；2.细腰；3.腹部第二节呈结状；4.腹部2、3节呈结状

1. 叶蜂科Tenthredinidae 体中型，粗壮。胸腹连接处不收缩成细腰状。触角多为线状。前胸背板后缘深凹。前足胫节具2端距（图2-48）。产卵器锯状。幼虫似鳞翅目幼虫，但头部额区非"人"字形；腹足6~8对，着生在第Ⅱ~Ⅷ腹节和第Ⅹ腹节上，且末端无趾钩。幼虫植食性，取食叶片。

2. 姬蜂科Ichneumonidae 体细长。触角丝状。前翅翅痣明显，端部第二列翅室中有1个特别小的四角形或五角形翅室，称作小室；小室下面所连的一条横脉叫作第二回脉，是姬蜂科的重要特征（图2-49）。腹部细长或侧扁，长于头、胸部之和。产卵器很长。卵多产于鳞翅目、鞘翅目、膜翅目幼虫和蛹的体内，幼虫为内寄生。

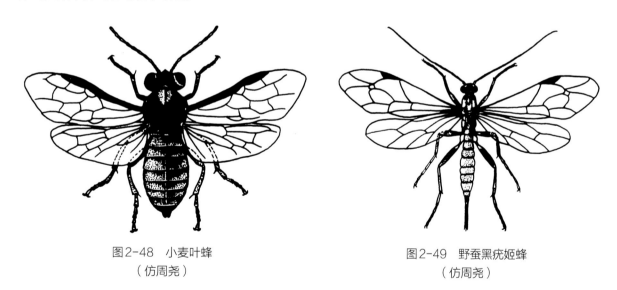

图2-48 小麦叶蜂
（仿周尧）

图2-49 野蚕黑疣姬蜂
（仿周尧）

3. 赤眼蜂科Trichogrammatidae 又叫纹翅卵蜂科。体微小，通常黑色，淡褐色或黄色。复眼赤红色。触角膝状。前翅阔，有缘毛，翅面上微毛排列成行；后翅狭，刀状（图2-50）。跗节3节。寄生于昆虫卵内，已有多种用于害虫的生物防治。

4. 蚁科Formicidae 通称蚂蚁。体小，光滑或有毛。触角膝状，末端膨大。上颚发达。翅脉简单。胫节有发达的距，前足的距呈梳状。腹部第1节或第1、2节呈结节状，这是本科的重要特征（图2-47：3~4）。为多态型的社会昆虫，雌雄生殖蚁有翅，工蚁和兵蚁无翅。常筑巢于地下、朽木中或树上。肉食性、植食性或杂食性。

5. 蜜蜂科 Apidae　多黑色或褐色，生有密毛。头和胸部一样阔。复眼椭圆形，有毛，单眼在头顶上排成三角形。下颚须1节，下唇须4节，下唇舌很长，后足胫节光滑，没有距，扁平有长毛，末端形成花粉篮，跗节第一节扁而阔，内侧有短刚毛几列，形成花粉刷（图2-51）。有很高的"社会组织"性与勤劳的习性。

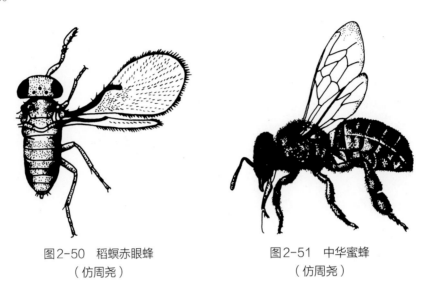

图2-50　稻螟赤眼蜂　　　　　图2-51　中华蜜蜂
　　（仿周尧）　　　　　　　　（仿周尧）

● 第八节　双翅目 Diptera

双翅目包括蚊、蠓、虻、蝇等昆虫。全世界已知有12万余种，我国已记录5000余种，是昆虫纲的第四大目。

一、识别特征及生物学习性

体微小型至中型。头下口式，复眼发达。触角形状和节数变化很大，有丝状、念珠状、具芒状等（图2-52）。口器刺吸式或舐吸式。仅具1对膜质前翅，脉相较简单（图2-53），后翅特化为平衡棒。足跗节5节，爪下有爪垫，爪间有爪间突1个。

完全变态。幼虫一般无足，蛆形，根据头部发达程度分为全头式、半头式和无头式3种类型。蚊和虻的蛹为离蛹或被蛹，蝇类的蛹为围蛹。生活习性比较复杂。成虫营自由生活，多以花蜜或腐败有机物为食，有些种类可刺吸人类或动物血液，传播疾病；有些则可捕食其他昆虫。幼虫多为腐食性或粪食性；有些为肉食性，可捕食（如食蚜蝇）或寄生（如寄蝇）其他昆虫；少数植食性，为害植物的根、茎、叶、果、种子等，是重要的农林害虫。

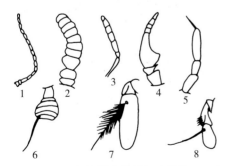

图2-52　双翅目昆虫的触角（仿Borror）
1.草蚊；2.毛蚊；3.水虻科；4.牛虻；5.食虫虻；
6.水虻；7.丽蝇；8.寄蝇

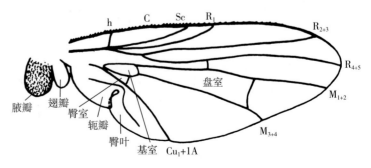

图2-53　双翅目昆虫（花蝇科）的前翅
（仿Suwa）

二、重要科及其识别特征

双翅目一般分为长角、短角和芒角亚目3个亚目。长角亚目触角长，6节以上，一般长于头、胸部之和；幼虫全头式，蛹为被蛹，包括蚊、蠓、蚋等。短角亚目触角短于胸部，3节，第3节有时分亚节；幼虫半头式，蛹为离蛹，通称虻。芒角亚目触角短，3节，第3节膨大，背面具触角芒；幼虫无头式，蛹为围蛹，通称蝇。

1. **大蚊科 Tipulidae** 体中型至大型。身体和足细长，脆弱。中胸背板有一"V"字形沟。翅狭长，2条臀脉伸达翅缘（图2-54）。成虫不取食或仅食花蜜；幼虫水生或半水生，取食腐败的植物材料或植物根部。

2. **虻科 Tabanidae** 中型到大型的种类，通常称为牛虻。头大，半球形，后方平截或凹陷。触角向前伸出，基部2节分明，端部3~8节愈合成角状（图2-55）。口器适于刺吸，雌虫喜吸哺乳动物的血液，并能传播人畜共患的疾病。

3. **食蚜蝇科 Syrphidae** 体中等大小，外形似蜂。体具鲜艳色斑，无刚毛。翅大，外缘有与边缘平行的横脉。径脉和中脉之间有1条两端游离的褶状构造，称作伪脉（图2-56），是本科的显著特征。幼虫蛆形，体侧具短而柔软的突起或后端有鼠尾状的呼吸管。成虫常在花上或空中悬飞，取食花蜜，传授花粉；幼虫有的为植食性，多数为捕食性，可捕食蚜虫、蚧虫、粉虱、叶蝉、蓟马等，为害虫的重要天敌。

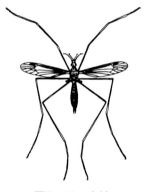

图2-54 大蚊
（仿高桥）

图2-55 牛虻
（仿周尧）

图2-56 食蚜蝇科的代表（食蚜蝇）
（仿周尧）

4. **寄蝇科 Tachinidae** 体小型至中型，多毛，体常黑色、灰色或褐色，带有浅色斑纹。触角芒常无毛。中胸后盾片发达，露在小盾片之外，侧面观更为明显。M_{1+2}脉向前弯向R_{4+5}（图2-57）。成虫白天活动，常见于花间。幼虫多寄生于鳞翅目幼虫、蛹，及鞘翅目等其他昆虫的成、幼虫。本科昆虫多数是益虫，在生物防治中起一定作用。

5. **潜蝇科 Agromyzidae** 体小型，多为黑色或黄色。翅宽大，透明或具色斑。无腋瓣，前缘脉有1处中断，亚前缘脉退化。M脉间有2个闭室，后面有1个小臀室（图2-58）。幼虫潜食叶肉，形成各种形状的隧道。

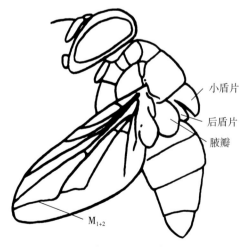

图2-57 寄蝇科的侧面（示盾片等）
（仿周尧）

6. 秆蝇科 Chloropidae 又称黄潜蝇科。体微小，多为绿色或黄色，有斑纹。触角芒着生在基部背面，光裸或羽状。翅无臀室，前缘脉在亚前缘脉末端折断（图2-59）。幼虫蛀食禾本科植物茎秆。

7. 花蝇科 Anthomyiidae 又称种蝇科。体小型至中型，有鬃毛，多为黑色、灰色或暗黄色。触角芒裸或有毛。前翅后缘基部与身体连接处有一片质地较厚的腋瓣。M_{1+2}脉不向前弯曲，到达翅后缘（图2-53）。成虫常在花间飞舞。幼虫多为腐食性，取食腐败动植物和动物粪便；少数危害植物种子及根，因而称作根蛆。

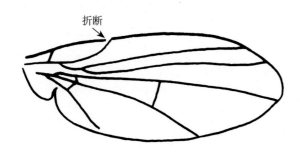

图2-58 潜叶蝇科的前翅
（仿周尧）

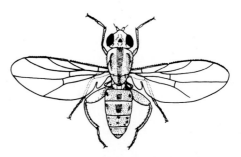

图2-59 秆蝇科代表（麦秆蝇）
（仿周尧）

下 篇

兴隆山国家级自然
保护区的昆虫

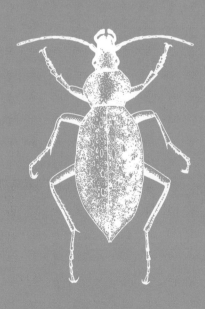

第三章

直翅目
Orthoptera

（一）斑翅蝗科 Oedipodidae

1. 小车蝗属 *Oedaleus* Fieber, 1853

（1）亚洲小车蝗 *Oedaleus decorus asiaticus* Bey-Bienko, 1941

体黄绿色、褐色、褐绿色。雄性体中型，雌性较大而粗壮。颜面垂直。触角丝状。前胸背板中部明显缩狭，中隆线较高，侧观平直。前后翅发达，超过后足股节顶端。前胸背板"X"形纹明显，沟前区宽等于沟后区。前翅基部之半具大黑斑2～3个，后翅基部淡黄绿色，中部具较狭的暗色横带，距翅缘较远，远不到达后缘。后足股节上侧和外侧具3个黑斑。

分布：甘肃、内蒙古、宁夏、青海、河北、陕西、山东。

寄主：禾本科作物，如禾草。

图3-1　亚洲小车蝗 *Oedaleus decorus asiaticus*

（二）网翅蝗科 Arcypteridae

2. 雏蝗属 *Chorthippus* Fieber, 1852

（2）青藏雏蝗 *Chorthippus qingzangensis* Yin, 1984

体中小型。颜面倾斜。触角丝状。前胸背板侧隆线较直，几乎平行，不弯曲。前翅较长，超过后足股节顶端。体黄绿色、绿色。前翅前缘脉域常具白色纵条纹。后足股节黄褐色，内侧基部缺暗色斜纹。

分布：甘肃、西藏、青海、新疆、黑龙江、内蒙古、山西、宁夏。

寄主：禾本科作物，如禾草。

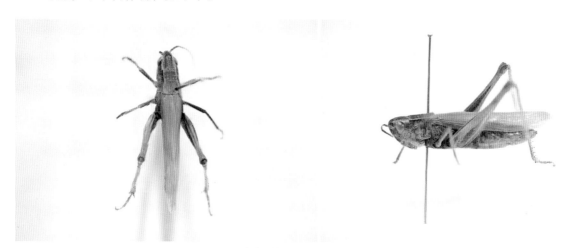

图3-2　青藏雏蝗 *Chorthippus qingzangensis*

（3）华北雏蝗 *Chorthippus brunneus huabeiensis* Xia et Jin, 1982

体中小型。颜面倾斜。触角丝状。前胸背板侧隆线在沟前区颇弯曲。前翅狭长，超过后足股节顶端，后翅与前翅等长。体褐色。前胸背板侧隆线处具黑色纵纹。有的个体前翅上具一白色纵纹，后翅透明本色。后足股节内侧基部具黑色斜纹，胫节黄色。

分布：甘肃、西藏、青海、新疆、内蒙古、山西、宁夏、河北、北京、陕西，以及东北地区。

寄主：禾本科作物，如禾草。

图3-3　华北雏蝗 *Chorthippus brunneus huabeiensis*

（4）白纹雏蝗 *Chorthippus albonemus* Zheng et Tu, 1964

体小型。颜面倾斜。触角丝状。前胸背板侧隆线在中部钝角形凹入。前后翅发达，略不到达后足股节顶端。体褐色、深褐色。前胸背板具明显的黄白色"X"形纹，沿侧隆线具黑色纵带纹。前翅中脉域具一列大黑斑。雌性前翅前缘脉域具白色纵纹。后足股节内侧基部具黑斜纹。

分布：宁夏、甘肃、青海、陕西。

寄主：禾本科作物，如禾草。

图3-4　白纹雏蝗 *Chorthippus albonemus*

（5）东方雏蝗 *Chorthippus intermedius* (Bey–Bienko, 1926)

体小型。颜面倾斜。触角丝状。前胸背板中隆线明显，侧隆线在沟前区向内弯曲。前翅发达，不到达（雌性）或略不到达（雄性）后足股节顶端。体黄褐色、褐色或暗黄绿色。前胸背板侧隆线处具黑色纵纹。后足股节橙黄褐色，内侧基部具黑色斜纹，膝部黑色。后足胫节黄色，基部黑色。

分布：甘肃、内蒙古、河北、陕西、山西、青海、四川、西藏，以及东北地区。

寄主：禾本科作物，如禾草。

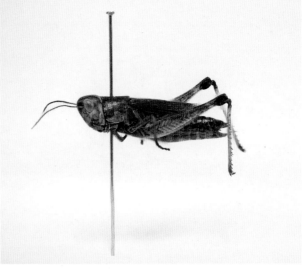

图3-5　东方雏蝗 *Chorthippus intermedius*

（6）狭翅雏蝗 *Chorthippus dubius* (Zubovski, 1898)

体小型。颜面倾斜。触角丝状。前胸背板侧隆线在沟前区呈角形凹入。前翅较短，远不到达后足股节顶端，雌性刚到达后足股节中部。体褐色。前胸背板侧隆线淡色。雄性后足股节内侧有时橙红色。后足胫节黄色或褐色。

分布：甘肃、青海、四川、内蒙古、陕西、山西、河北，以及东北地区。

寄主：禾本科作物，如禾草。

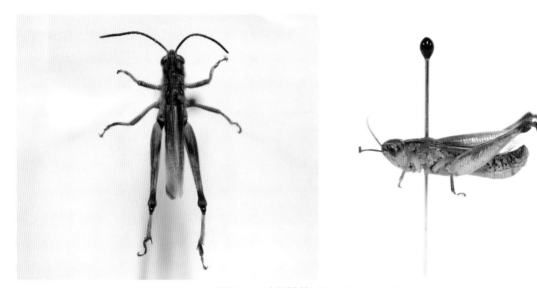

图3-6 狭翅雏蝗 *Chorthippus dubius*

（7）小翅雏蝗 *Chorthippus fallax* (Zubovski, 1900)

体小型。颜面倾斜。触角丝状。前胸背板中隆线弧形弯曲。雄性前翅发达，到达后足股节2/3处，后翅甚短，不到前翅一半；雌性前翅鳞片状，侧置，在背部明显分开。体褐色或褐绿色。复眼后具黑褐色眼后带。后足股节黄绿色，内侧基部无黑色斜纹。

分布：甘肃、宁夏、新疆、青海、陕西、山西、内蒙古、河北。

寄主：禾本科作物，如禾草。

图3-7 小翅雏蝗 *Chorthippus fallax*

（三）槌角蝗科 Gomphoceridae

3. 大足蝗属 *Gomphocerus* Thunberg, 1815

（8）西伯利亚大足蝗 *Gomphocerus sibiricus* (Linnaeus, 1767)

体中小型。颜面倾斜。触角棒状（顶端明显膨大）。雄性前胸背板侧面观呈明显的圆形隆起，雌性前胸背板较平；侧隆线呈弧形弯曲，沟前区大于沟后区的1.5~2倍。前翅较长，超过后足股节顶端。雄性前足胫节膨大，雌性正常。体暗褐色或黄褐色。触角黄色，顶端黑色。后足股节内侧基部具黑色斜纹；胫节雄性橙黄色，雌性黄色。

分布：甘肃、新疆、内蒙古、黑龙江、吉林。

寄主：禾本科作物，如禾草。

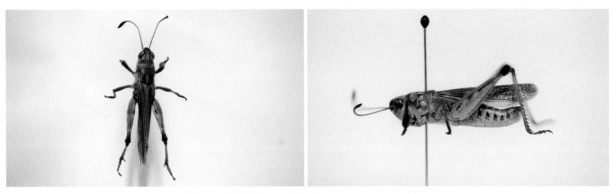

图3-8　西伯利亚大足蝗 *Gomphocerus sibiricus*

（四）剑角蝗科 Acrididae

4. 剑角蝗属 *Acrida* Linnaeus, 1758

（9）中华剑角蝗 *Acrida cinerea* (Thunberg, 1815)

体大型，细长。头圆锥形。颜面极倾斜。触角剑状。前胸背板宽平，侧隆线近直。前翅发达，超过后足股节顶端，顶尖锐。体绿色或褐色。绿色个体复眼后、前胸背板侧片上部、前翅肘脉域具宽的淡红色纵纹。褐色个体前翅中脉域具黑色纵条。

分布：甘肃、宁夏、陕西、山西、四川、云南、贵州、河北、山东。

寄主：禾本科作物，如禾草。

图3-9　中华剑角蝗 *Acrida cinerea*

（五）蚱科Tetrigidae

5. 蚱属 *Tetrix* Latreille, 1802

（10）日本蚱 *Tetrix japonica* (Bolívar, 1887)

体小型。颜面近垂直。前胸背板后突到达腹部末端，但不超过后足股节顶端。中隆线明显，但不呈片状隆起。前翅鳞片状，后翅未达、到达或略超过前胸背板末端。体褐色至深褐色。前胸背板无斑纹或具1对黑斑，有些个体具一对条状黑斑。

分布：全国分布。

寄主：禾本科作物，如禾草。

图3-10 日本蚱 *Tetrix japonica*

（11）隆背蚱 *Tetrix tartara* (Saussure, 1887)

体小型。颜面略倾斜，颜面隆起侧面观与头顶垂直。前胸背板后突到达腹部末端，但不超过后足股节顶端。中隆线明显片状隆起，侧面观上缘呈弧形。前翅鳞片状，后翅略短于前胸背板后突。体褐色，前胸背板背面中部具一对黑斑。

分布：甘肃。

寄主：禾本科作物，如禾草。

图3-11 隆背蚱 *Tetrix tartara*

6.长背蚱属 *Paratettix* Bolívar, 1887

（12）长翅长背蚱 *Paratettix uvarovi* Semenov, 1915

体中小型。颜面近垂直。前胸背板前缘平截，后突延伸至后足胫节中部；中隆线低，全长明显；侧隆线在沟前区平行。前翅鳞片状。后翅长，超出前胸背板末端。体褐色至黑褐色，有些个体的前胸背板背面肩角前后各具一对黑斑。

分布：甘肃、新疆、陕西、河北、河南、吉林、广东、广西、云南。

寄主：禾本科作物，如禾草。

图3-12　长翅长背蚱 *Paratettix uvarovi*

（六）蝼蛄科 Gryllotalpidae

7.蝼蛄属 *Gryllotalpa* Latreille, 1802

（13）东方蝼蛄 *Gryllotalpa orientalis* Burmeister, 1838

体大型。头圆锥形，触角丝状。前胸背板卵圆形。前足为开掘足。前翅较短，仅达腹部中部；后翅扇形，较长，超过腹部末端。体灰褐色，全身密布细毛。前翅灰褐色。

分布：甘肃、吉林、辽宁、河北、山东、陕西、江苏、浙江、湖南、江西、湖北。

寄主：禾本科作物，如禾草。

图3-13　东方蝼蛄 *Gryllotalpa orientalis*

第四章

半翅目
Hemiptera

（七）龟蝽科 Plataspidae

8. 圆龟蝽属 *Coptosoma* Laportre, 1833

（14）双列圆龟蝽 *Coptosoma bifarium* Montandon, 1897

体长3～4mm，宽3～4mm。近圆形，黑色光亮，具同色浓密刻点。头部黑色，复眼红褐色，单眼红色。头部雌雄异型，侧叶长于中叶，在前方相交。触角、喙、前胸背板侧缘、前翅前缘基部、足黄色。小盾片无黄色边，基胝有2个小黄斑。

分布：安徽、湖北、江西、湖南、福建、广西、重庆、四川、贵州、甘肃等。

寄主：不详。

图4-1　双列圆龟蝽 *Coptosoma bifarium* Montandon

（八）黾蝽科Gerridae

9.黾蝽属Gerris

（15）细角黾蝽 Gerris gracilicornis (Horváth, 1879)

体长10.5～14.5mm，褐色。触角细长，约为体长的1/2。前胸背板红褐色，具1条完整而明显的浅色中纵纹。前足股节黄褐色，向端部颜色渐深而至褐色；中、后足长，中足第1跗节长为第2跗节的2.5倍。翅红褐色，多为长翅型个体。腹部腹面隆起呈脊状；雄虫第8腹板腹面具1对椭圆形凹陷，其上具银白色短毛。

分布：河北、内蒙古、辽宁、黑龙江、浙江、福建、江西、山东、河南、湖北、湖南、广东、广西、重庆、四川、贵州、云南、陕西、甘肃、台湾；俄罗斯、朝鲜、日本、印度。

寄主：不详。

图4-2 细角黾蝽 Gerris gracilicornis

（九）姬蝽科Nabidae

10.姬蝽属Nabis Lattreille, 1802

（16）华姬蝽Nabis sinoferus Hsiao, 1964

成虫体长7～8mm，全体淡灰黄色。头长，顶中央有2条深褐色纵纹，复眼大，暗褐色半球形，单眼红色，较大。触角细长，黄色，第一、四节最短，第二、三节最长且相等，第二节末端及3～4节色稍深，第一节长于头宽前胸背板前方较狭，圆筒状，中央有深褐纵纹贯穿。小盾片及半鞘翅灰黄色，后者有时有暗色条纹，但不很明显。体下灰黄色，体侧有暗色纵纹。前足腿节略膨大，下侧有密毛，前胫节末端内侧显著突出，下侧有短刺，上述密毛及短刺相结合，常将腿、胫两节连在一起。

分布：甘肃、河北、河南、山西、福建、北京、内蒙古。

寄主：蚜虫、叶蝉、木虱、蓟马、盲蝽，鳞翅目幼虫和卵等。

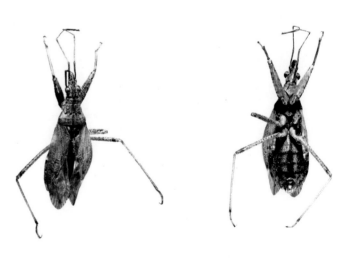

图4-3 华姬蝽 Nabis sinoferus

（十）蝽科Pentatomidae

11.条蝽属Graphosoma Laporte, 1833

（17）赤条蝽Graphosoma rubrolineata (Westwood, 1837)

体长10～12mm，宽约7mm。成虫长椭圆形，体表粗糙，有密集刻点。全体红褐色，其上有黑色条纹，纵贯全长，头部有2条黑纹，触角5节、棕黑色，基部2节红黄色，前胸背板较宽大，两侧中间向外突、略似菱形，后缘平直，其上有6条黑色纵纹，两侧的2条黑纹靠近边缘，小盾片宽大，呈盾状，前缘平直，其上有4条黑纹，体侧缘每节具黑、橙相间斑纹。

分布：黑龙江、辽宁、内蒙古、宁夏、青海、新疆、河北、山西、陕西、山东、河南、江苏、安徽、浙江、湖北、江西、湖南、广东、广西、四川、贵州、云南、甘肃；朝鲜、日本、俄罗斯。

寄主：胡萝卜、萝卜、茴香、洋葱、葱、榆、栎等植物。

图4-4 赤条蝽 Graphosoma rubrolineata

12.菜蝽属Erydema Laporte, 1832

（18）横纹菜蝽Eurydema gebleri Kolenati, 1846

体长6～9mm，宽3.5～5mm，椭圆形，黄色或红色，具黑斑，全体密布刻点。头蓝黑色，前端圆两侧下凹，侧缘上卷，边缘红黄色，复眼前方具一红黄色斑，复眼、触角、喙黑色，单眼红色。前胸背板上具大黑斑6个，前2个三角形，后4个横长；中央具一黄色隆起"十"字形纹。小盾片蓝黑色，上具"Y"字形黄色纹，末端两侧各具一黑斑。若虫初橘红色，30分钟后变深，共5龄，体长5mm左右，头、触角、胸部黑色，头部具三角形黄斑，胸背具橘红色斑3个。

分布：北京、天津、河北、山西、内蒙古、辽宁、吉林、黑龙江、江苏、安徽、山东、湖北、四川、贵州、云南、西藏、陕西、甘肃、新疆；俄罗斯、土耳其。

寄主：十字花科植物。

图4-5 横纹菜蝽 Eurydema gebleri

13. 真蝽属 *Pentatoma* Olivier, 1789

（19）红足真蝽 *Pentatoma rufipes* (Linnaeus, 1758)

体长11.5～17mm，背面黑褐色，稍带金绿色泽，腹面黄褐色。头侧叶与中叶近等长，其端部渐尖，似有会合的趋势；触角第1～3节和第4节基部褐色；喙伸达第4腹节腹板前部。前胸背板前侧缘明显内弯，边缘锯齿状，黄白色，侧角呈半圆形扩展并翘起，在后方形成一尖角，后缘内弯；小盾片顶端黄白色。足红褐色。前翅革片前缘基部狭窄地黄白色。腹部侧接缘各节中部橙黄色；腹面基部中央的刺突短钝。

分布：北京、河北、山西、内蒙古、辽宁、吉林、黑龙江、四川、西藏、陕西、甘肃、青海、宁夏、新疆；俄罗斯、朝鲜、日本及欧洲其他各国。

寄主：小叶杨、柳、榆、花楸、桦、橡树、山楂、醋栗、杏、梨、海棠。

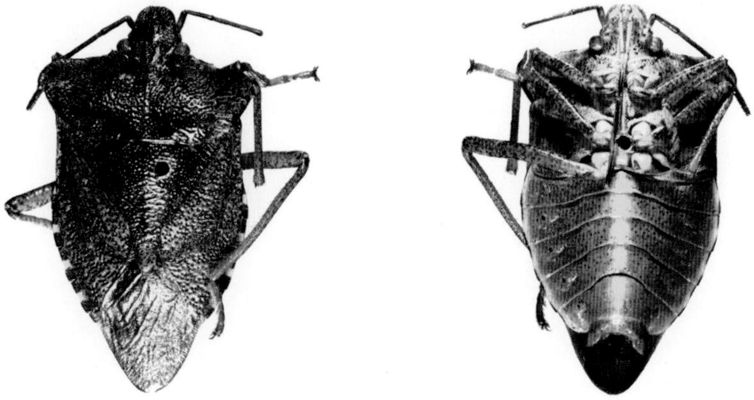

图4-6 红足真蝽 *Pentatoma rufipes*

（20）褐真蝽 *Pentatoma semiannulata* (Motschulsky, 1860)

体长17～20mm。前胸背板宽10～11mm。椭圆形，红褐色至黄褐色，无金属光泽，具棕黑色粗刻点，局部刻点联合成短条纹。头近三角形侧缘具边，色多深暗，微向上折翘，侧叶与中叶几等长，在中叶前方不会合。触角细长黄褐色至棕褐色，第3～5节除基部外棕黑色，第2、3节有稀疏细毛，第4、5节具密短毛。喙黄褐色，末端棕黑，伸达第三腹节腹板中央。前胸背板中央无明显横沟，胝区较光滑，其中央仅有少量黑刻点。前胸背板前侧缘有较宽的黄白色边，其前半部粗锯齿状。侧角末端亚平截，其后侧缘近末端似有1小突起。小盾片三角形，端角延伸且显著变窄。前翅较伸长，膜片淡褐色，几透明，稍超过腹端。足较细长，腿节和胫节有棕黑色斑。腹部侧接缘各节基部和端部有不规则黑色横斑纹，节缝黄色。腹部腹面浅黄褐色，光滑无刻点，腹板中央无明显纵棱脊。腹基部中央刺突甚短钝，仅接近后足基节。腹气门暗棕色。

分布：北京、河北、山西、内蒙古、辽宁、吉林、黑龙江、江苏、浙江、江西、河南、湖北、湖南、四川、陕西、甘肃、青海、宁夏；俄罗斯、蒙古、朝鲜、韩国、日本。

寄主：梨、桦。

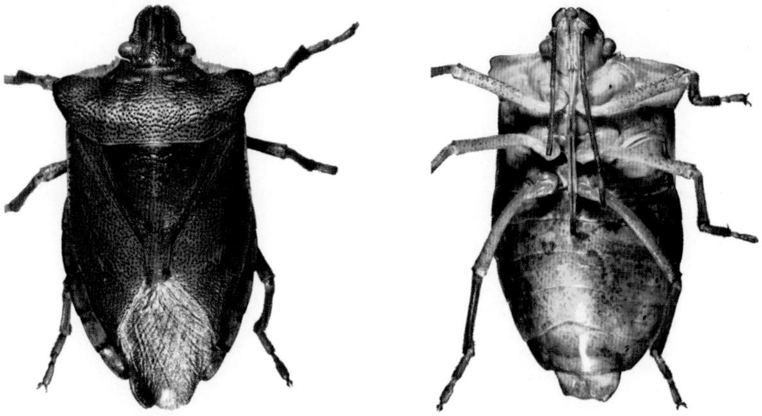

图4-7 褐真蝽 *Pentatoma semiannulata*

14. 碧蝽属 *Palomena* Mulsant et Rey, 1866

（21）宽碧蝽 *Palomena viridissima* (Poda, 1761)

体长12～14mm，宽8mm。椭圆形，鲜绿色至暗绿色，体背有较密而均匀的黑刻点。头部侧叶长于中叶，并会合于中叶之前，最末端呈小缺口，触角基外侧有一片状突起将触角基覆盖，前胸背板侧角伸出较少，末端圆钝，体侧缘为淡黄褐色。各足腿节外侧近端处有一小黑点，后足更明显。

分布：河北、山西、黑龙江、山东、云南、陕西、甘肃、青海；欧洲、印度。

寄主：麻、玉米。

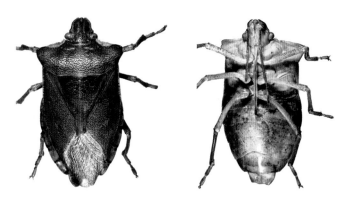

图4-8 宽碧蝽 *Palomena viridissima*

15. 茶翅蝽属 *Halyomorpha* Mayr, 1864

（22）茶翅蝽 *Halyomorpha halys* (Stal, 1855)

体长15mm。茶褐色或黄褐色，有黑色点刻。扁椭圆形，前胸背板前缘有4个黄褐色小斑点。翅茶褐色，翅基部和端部翅脉颜色较深，腹部两侧各节间均有1个黑斑。

分布：北京、天津、河北、山西、内蒙古、辽宁、吉林、黑龙江、上海、江苏、浙江、安徽、江西、山东、河南、湖北、湖南、广东、广西、四川、贵州、云南、陕西、甘肃、台湾；日本、越南、缅甸、印度、斯里兰卡、印度尼西亚。

寄主：苹果、梨、桃、杏、海棠、山楂、大豆、菜豆、甜菜、榆、梧桐、枸杞。

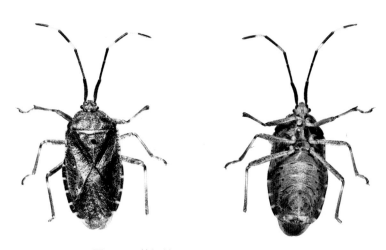

图4-9 茶翅蝽 *Halyomorpha halys*

16. 斑须蝽属 *Dolycoris* Mulsant & Rey, 1866

（23）斑须蝽 *Dolycocoris bacarum* (Linnaeus, 1758)

体长8～14mm，宽约6mm。椭圆形，黄褐色或紫色，密被白绒毛和黑色小刻点；触角黑白相间；喙细长，紧贴于头部腹面。前胸背板前部呈浅黄色，后部暗黄色，小盾片三角形，末端钝而光滑，黄白色。

分布：北京、黑龙江、吉林、辽宁、河北、河南、山东、山西、陕西、四川、云南、贵州、湖北、湖南、安徽、江苏、江西、浙江、广东、甘肃。

寄主：小麦、水稻、棉花、油菜、萝卜、大豆、苜蓿、燕麦、玉米、高粱、烟草、白菜、甜菜、葱、梨、桃、苹果。

图4-10 斑须蝽 *Dolycocoris bacarum*

17. 润蝽属 *Rhaphigaster* Laporte, 1833

（24）沙枣润蝽 *Rhaphigaster nebulosa* (Poda, 1761)

成虫体长16～17mm，略扁平，盾形，暗褐色。体色不均匀，色深部分现不规则云斑，并具密集黑色刻点。中胸小盾片近末端两侧有2个模糊小黑点。腹部背面黑色，腹面棕黄色，散生黑点。腹部腹面具一前伸的腹刺，腹刺长度能越过中足基节。

分布：甘肃、内蒙古、宁夏、新疆；蒙古、伊朗。

寄主：沙枣、柳、杨、槭树、刺槐、李、沙果。

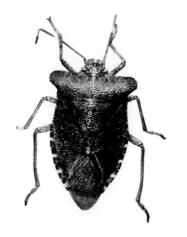 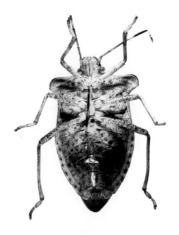

图4-11 沙枣润蝽 *Rhaphigaster nebulosa*

（十一）异蝽科 Urostylididae

18. 壮异蝽属 *Urochela* Dallas, 1850

（25）短壮异蝽 *Urochela falloui* Reuter, 1888

体长11～13mm，宽6～7mm，卵圆形。宽度大于其他种，体型较小，革片中部两个圆形斑轮廓较模糊，各足基节基部颜色同于中、后胸腹板。气门外围无色。

分布：四川、福建、广西、甘肃。

寄主：不详。

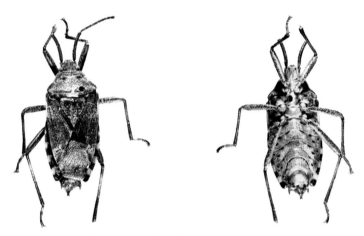

图4-12　短壮异蝽 *Urochela falloui*

19. 娇异蝽属 *Urostylis* Westwood, 1837

（26）淡娇异蝽 *Urostylis yangi* Maa, 1947

体较扁平，体色随季节不同而变化，6～9月呈草绿色；10月以后由草绿色、黄绿色变为栗黄色。雄虫体长8.9～10.1mm，宽3.5～4.5mm，雌虫体长10～12.5mm，宽4.2～5.3mm。头小，单眼淡褐色，复眼黑色突出。触角5节，第1节赭色，颜色较深，外侧有1条褐色纵纹线条，第2节最长，第3节最短；第3～5节端部黑褐色。喙4节，伸过前足基部。前胸背板前缘，侧缘稍向上卷；前角侧角不突出，2侧角附近各有1个较明显的黑点；小盾片呈倒等腰三角形，被2爪片包围，但2爪片不形成完整的爪片接合缝；前胸背板、小盾片及革片内域刻点无色，革片外域刻点黑色而深，革片与膜片相接处有1条斜形宽黑带。足浅赭色，腿节、胫节上有稀疏短毛，跗节3节，第2节较小。雌虫前翅与腹末等长，生殖节凹陷；雄虫前翅明显长于腹末，生殖节凸出。

分布：浙江、安徽、福建、江西、河南、甘肃。

寄主：板栗。

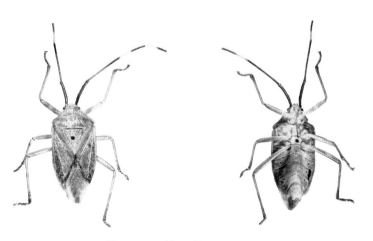

图4-13　淡娇异蝽 *Urostylis yangi*

（十二）长蝽科 Lygaeidae

20. 小长蝽属 *Nysius* Dallas, 1852

（27）丝光小长蝽 *Nysius thymi* (Wolff, 1804)

头黄褐至淡褐，刻点同色或少数为褐色，单眼处每侧有一黑色纵带，微斜向外，界限清楚。眼后黑色，密被平伏毛，有强烈丝状闪光。触角淡褐，第1节具一些深色晕斑点，第2、3节末端略深，第4节较深。小颊终于接近头的后缘处，但不达后缘。喙第1节不达头的后缘。前胸背板色同头部，黄褐色或褐色成分较重，只部分刻点为褐色，此等深色刻点颜色很不均匀，深浅间杂，前叶黑色区域不成完整均一的黑横带，其中细而弯曲的胝本身色深而界限明显。前胸背板相对较狭长，侧缘中部内凹，雄虫较显；毛平伏，虽不蓬松，但闪光性强。小盾片黑，具铜色色泽，有时两侧各有一隐约的大黄斑，后半有一细中脊，密被平伏丝状毛，无直立毛。翅前缘在基部外弯后较直。爪片与革片淡黄褐，几不透明，端缘有2～3黑斑，其余几无暗色斑。膜片淡色透明，几乎无暗斑。

分布：河北、辽宁、吉林、甘肃；欧洲、蒙古、西伯利亚、中亚地区、北美洲。

寄主：不详。

图4-14　丝光小长蝽 *Nysius thymi*

（28）黄色小长蝽 *Nysius inconspicuous* Dinstan

体长3.3～4.1mm，黄褐色。头浅褐色；触角深褐色，第2节、第4节近等长。前胸背板梯形，表面密被刻点，中纵脊明显，胝区具1条黑褐色横带纹；小盾片端半具中纵脊，顶端黄白色。各足股节具若干深色斑点。前翅超过腹末，革片和爪片浅黄褐色，半透明，革片端缘具3个深褐色斑点，爪片接合缝深褐色，膜片透明。

分布：浙江、福建、江西、广东、海南、甘肃。

寄主：不详。

图4-15　黄色小长蝽 *Nysius inconspicuous*

21.红长蝽属*Lygaeus* Fabricius, 1794

（29）横带红长蝽*Lygaeus equestris* (Linnaeus, 1758)

体长12.5～14mm，宽4～4.5mm，朱红色。头三角形，前端、后缘、下方及复眼内侧黑色。复眼半球形，褐色，单眼红褐。触角4节，黑色，第1节短粗，第2节最长，第4节略短于第3节。喙黑，伸过中足基节。前胸背板梯形，朱红色，前缘黑，后缘常有1个双驼峰形黑纹。小盾片三角形，黑色，两侧稍凹。前翅革片朱红色，爪片中部有一圆形黑斑，顶端暗色，革片近中部有1条不规则的黑横带，膜片黑褐色，一般与腹部末端等长，基部具不规则的白色横纹，中央有1个圆形白斑。足及胸部下方黑色，跗节3节，第1节长，第2节短，爪黑色。腹部背面朱红色，下方各节前缘有2个黑斑，侧缘端角黑色。

分布：黑龙江、吉林、辽宁、内蒙古、河北、山西、陕西、宁夏、甘肃；蒙古、俄罗斯、日本、印度、英国。

寄主：白菜、油菜、甘蓝、榆。

图4-16　横带红长蝽 *Lygaeus equestris*

22.蒴长蝽属*Pylorgus* Stal

（30）灰褐蒴长蝽*Pylorgus sordidus* Zheng, Zou & Hsiao

体长4.7～5.1mm，褐色。头前端较尖，中叶远长于侧叶；触角黑褐色，第2节、第3节颜色稍浅，第4节不长于复眼间距的2倍；喙伸达腹部基部。前胸背板浅灰褐色，表面密被刻点，前部稍下倾，胝区深褐色，中纵线黄褐色，后叶具褐色纵带纹，后缘具黄褐色狭边；小盾片具黄褐色"Y"形脊起。足浅褐色至深褐色。前翅宽大，革片和爪片浅褐色，半透明，革片基部和端半具深褐色斑纹，沿爪片缝具1列刻点，膜片透明，具1对黑褐色横斑。

分布：浙江、湖北、重庆、四川、贵州、云南、西藏、陕西、甘肃。

寄主：不详。

图4-17　灰褐蒴长蝽
Pylorgus sordidus

23. 梭长蝽属 *Pachygrontha* Germar, 1837

（31）二点梭长蝽 *Pachygrontha bipunctata* Stal

体长6.4～6.8mm，黄褐色。头近方形、前端稍窄；触角极细长，浅红褐色、第1节端部加粗，第4节最短。前胸背板前叶颜色较后叶稍深，胝区稍鼓起，中纵纹和侧缘浅黄色；小盾片浅褐色，基部稍鼓起，顶端黄白色。前足股节明显加粗，表面具大量深色斑点，腹面具4个大刺突和若干小刺突。前翅超过腹末，革片端缘中央的斑点和爪片端部的斑点黑褐色，膜片半透明。

分布：浙江、福建、广东、广西、海南、云南、甘肃、西藏、台湾；非洲。

寄主：不详。

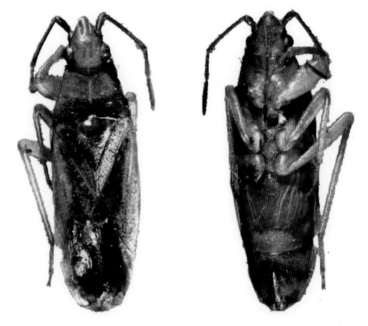

图4-18　二点梭长蝽 *Pachygrontha bipunctata*

（十三）尖长蝽科 Oxycarenidae

24. 尖长蝽属 *Oxycarenus* Fieber, 1837

（32）淡色尖长蝽 *Oxycarenus pallens* (Herrich-Schaeffer, 1850)

体长3.8～4.2mm，宽1.5～1.7mm。头黄褐色至黑褐色，后部常较深，仅被极短小的毛。触角第1节褐色，第2节色最淡，常为淡黄褐色或黄褐色，第3、4节黑褐色；第1节不达头的末端。头下方黑褐，具刻点及银白色丝状平伏毛。小颊白色。喙伸达第3腹节前部。前胸背板淡黄白色，胝区为一宽阔的橙褐色或褐色横带，横过整个前胸；密布深大刻点及极细短的毛，以致外观似光滑；侧缘直。小盾片基半下陷，黑褐色，其余部分淡黄白色，具刻点，中央较稀疏。爪片及革片一色淡黄白色，除最基部外无毛；革片端缘明显弯曲，成宽阔的弧形，端角较为尖长，末端无黑斑，膜片无色半透明。前胸下方色同背面，被白色丝状平伏毛，中、后胸腹面黑褐色，后胸侧板后缘及臭腺沟缘黄白色。各足股节褐色，胫节黄褐色，前股有3刺。腹下淡黄褐色至深褐色，中央色浅，向四周及后端渐深。第6、7腹节腹中线两侧各有一横排密集的白色直立长毛。

分布：天津、山西、内蒙古、新疆、甘肃；古北区。

寄主：菊科小蓟。

图4-19　淡色尖长蝽
Oxycarenus pallens

（十四）同蝽科 Acanthosomatidae

25.匙同蝽属 *Elasmucha* Stal, 1864

（33）背匙同蝽 *Elasmucha dorsalis* (Jakovlev, 1876)

体长7mm，宽4mm左右。卵圆形，草绿色，掺有棕红斑纹。头棕黄，被黑刻点，前端平截；触角黄褐色，第5节末端黑色。前胸背板刻点稀疏，中域及侧缘中央有黄色纵斑纹，侧角明显突出，末端暗棕色。小盾片刻点较粗且较均匀，基角有光滑黄斑。前翅革片刻点较细小，膜片半透明。腹背暗棕色，侧接缘各节有黑色宽带；胸部腹面有密黑刻点，腹部腹面几无刻点。雄虫生殖节后缘中央具2束褐色长毛。

分布：湖南(湘西、湘南)、辽宁、内蒙古、甘肃、河北、山西、陕西、浙江、安徽、江西、福建、广西、贵州；蒙古、俄罗斯（西伯利亚）、日本、朝鲜。

寄主：白刺、沙拐枣、豆科植物。

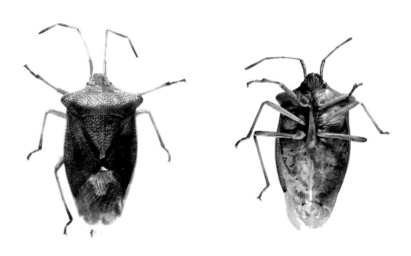

图4-20 背匙同蝽 *Elasmucha dorsalis*

（34）齿匙同蝽 *Elasmucha fieberi* (Jakovlev, 1865)

体长8mm，宽4mm，身体棕绿色或灰褐色，具黑色刻点，头顶刻点粗糙密集。雄虫触角黑色；雌虫触角棕色或黄褐色，第4、5节中部至端部颜色变深。前胸背板前角伸向侧方，末端钝圆。鞘翅革片具红色细斑纹，膜片半透明，浅棕色。前胸背板具黑色粗大刻点，前角具明显横齿，伸向侧方，侧角很短，末端圆钝，刻点较密而色彩亦较深暗。小盾片基部有一个轮廓不清的大棕色斑，此处刻点粗大。腹部背面暗棕色，侧接缘各节具黑色带纹；腹面有大小不一的黑色刻点，气门黑色。

分布：北京、河北、山西、四川、甘肃；欧洲。

寄主：不详。

图4-21 齿匙同蝽 *Elasmucha fieberi*

26.同蝽属 *Acanthosoma* Curtis, 1824

（35）黑背同蝽 *Acanthosoma nigrodorsum* Hsiao et Liu, 1977

体长14mm，宽6.5mm，窄椭圆形、黄绿色，头黄褐色。触角第1节棕黄色，第2节棕色，第3、4节棕红色，第5节暗棕色。喙黄褐色、末端黑色，前胸背板中域淡黄绿色，后缘浅棕色，侧角鲜红色，末端尖锐，强烈弯向前方。小盾片暗棕绿色，具黑色刻点，顶端光滑，黄褐色。足黄褐色、胫节黄绿色，腹部背面黑色，末端鲜红色，侧接缘完全黄褐色。腹面棕黄色，光滑。

分布：山西、四川、甘肃。

寄主：不详。

图4-22　黑背同蝽 *Acanthosoma nigrodorsum*

（36）泛刺同蝽 *Acanthosoma spinicolle* Jakovlev, 1880

雄虫体长13.5mm，宽约6mm，窄椭圆形，灰黄绿色。前胸背板近前缘处有一条黄褐色横带，侧角延伸成短刺状、棕红色，末端尖锐。腹部背面非黑色。

分布：辽宁、黑龙江、内蒙古、北京、河北、甘肃、四川、新疆、西藏。

寄主：梨、漆。

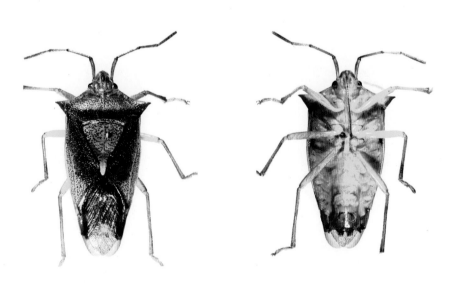

图4-23　泛刺同蝽 *Acanthosoma spinicolle*

27.直同蝽属 *Elasmostethus* Fieber, 1860

（37）宽肩直同蝽 *Elasmostethus humeralis* Jakovlev, 1883

体长9.5～11.5mm，翠绿色。头黄绿色；触角第1节、第2节绿褐色，第3节、第4节和第5节基部褐色，第5节端部深褐色；喙伸达中足基节后缘。前胸背板表面密被刻点，前侧缘平直，侧角稍向两侧突出，角体后部黑褐色，后侧缘和后缘黄褐色；小盾片大部黄褐色，中央具1条光滑中纵线；中胸腹板隆脊向前不达前胸腹板前缘；后胸臭腺沟细长。足黄绿色，各足胫节端部和

图4-24 宽肩直同蝽 *Elasmostethus humeralis*

跗节浅褐色。前翅革片内侧和端缘浅褐色至红褐色，端角颜色稍深，爪片红褐色，膜片浅褐色。腹部背面浅红色，腹面浅黄绿色。

分布：北京、辽宁、吉林、黑龙江、湖北、四川、陕西、甘肃；俄罗斯、韩国、日本。

寄主：榆、槭。

（十五）缘蝽科 Coreidae

28.颗缘蝽属 *Coriomeris* Westwood, 1842

（38）光腹颗缘蝽 *Coriomeris integerrimus* Jakovlev, 1904

体长7.5mm，宽2.7mm。身体被软细毛，触角及足除平覆短毛外，尚有长而直立的刚毛。黄褐色，前翅色稍浅；腹部背面黑色，腹面污黄色，触角第1节较长，第4节黑色。前胸背板侧缘稍向内弓，具有8～10个白色突起，突起的顶端具有长于突起的细毛。侧角成短刺，黑色，稍向后伸。腹部侧接缘扩展，各节后角不突出，足具黑色斑点，后足股节端部腹面具2个长刺，顶端的一个较大，其外侧尚有2～3个小刺，2个大刺之间有时也有小刺。

分布：青海（雅玛腾乌穆鲁）、四川、甘肃。

寄主：不详。

图4-25 光腹颗缘蝽 *Coriomeris integerrimus*

（39）刺腹颗缘蝽*Coriomeris nigridens* (Panzer, 1805)

体长8.5～9mm，颜色较深，触角上的毛较稀而长，前胸背板侧缘突起长而稀少，比较整齐，通常7～8枚，有时其间尚有极小的几个小突起。侧角较显著。后足股节腹面具一个大刺，其内侧有2个、外侧有4个小刺。

分布：新疆（喀什）、甘肃。

寄主：不详。

图4-26　刺腹颗缘蝽 *Coriomeris nigridens*

（十六）蛛缘蝽科 Alydidae

29. 蛛缘蝽属 *Alydus* Fabricius, 1803

（40）欧蛛缘蝽*Alydus calcaratus* (Linnaeus, 1758)

前胸背板侧角圆形，前后叶颜色不一致，前叶黑褐色，后叶浅褐色，前翅革质部分常呈浅褐色。雄性生殖囊背刺彼此交叉，端部外侧锯齿状；阳基侧突扁宽似扇子。体小型，整体棕黄色，头整体黑褐色，单眼之间具有1个浅色斑点，颈部背面观具有1对浅色小斑点，颈部两侧各有1个浅色斑点，触角第1节黑褐色，仅外侧基半部浅色，第2、3节端部约1/3黑褐色，第4节黑褐色；前胸背板前叶黑褐色，后叶整体浅黄褐色，但具有弥散状分布的黑褐色斑块，后叶中线黑褐色，在一些个体中前后叶色差不显著，中后胸侧板、腹板均为深褐色，中胸喙沟浅色；小盾片黑色，顶点浅色；前翅革片浅黄褐色。

分布：内蒙古、西藏、新疆、甘肃；广泛分布于欧洲及亚洲各国。

寄主：不详。

图4-27　欧蛛缘蝽 *Alydus calcaratus*

30.长缘蝽属*Megalotomus* Fieber, 1860

（41）角长缘蝽*Megalotomus angulus* (Hsiao, 1965)

体小型到中型，体黑色或棕褐色。头宽，三角形，显著窄于前胸背板；头顶具有细密的匍匐状短毛，头顶黑色，无中央浅色中线，仅在单眼之间的短纵纹和后方外侧的斑点，以及复眼侧后方的短纵纹浅色；单眼间距小于单眼到同侧复眼的距离；触角第1节不短于第2节和第3节，第2、3节约等长，第4节最长，长纺锤形，稍弯曲；喙达到中足基节中央。前胸背板梯形，宽大于长，前倾，具领，侧角外翻，但不呈尖锐的刺状突出；前胸背板具有显著的三角形深黑色区域；小盾片长大于宽，顶角不上翘，无刺，顶角颜色稍浅；各足股节颜色稍加深，后足股节端部具有4个显著的刺；胫节颜色稍浅，在端部颜色加深，不弯曲，长于股节；跗节第1节基半部色浅，端半部色深，显著长于2、3节之和，第2节短于第3节。前翅革片棕褐色或红棕色，外缘颜色稍浅，具有深色刻点和匍匐状短毛，在革片顶角的区域具有浅色斑，斑点小而且不显著。腹部基部缢缩，侧缘具有深浅相间的条纹。腹部腹面黑褐色，具有银白色匍匐状短毛。雄性生殖囊具有背刺稍向中央弯曲，末端不分叉，其上无刺突，向端部稍变细；阳基侧突端部分叉，形成大小2叶；雌虫第7腹板中央后缘分裂，裂纹长度为腹板长度的一半左右。

分布：甘肃、河北、内蒙古、山西、陕西、四川、西藏、云南。

寄主：不详。

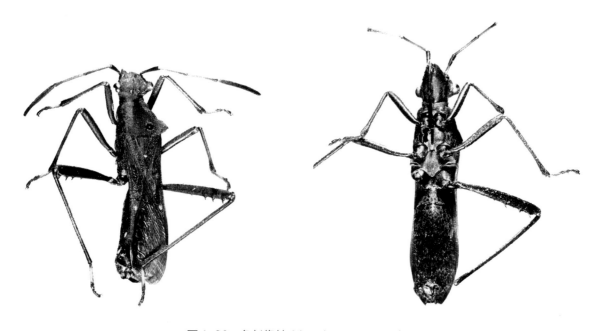

图4-28 角长缘蝽 *Megalotomus angulus*

31. 稻缘蝽属 *Leptocorisa* Latreille, 1829

（42）中稻缘蝽 *Leptocorisa chinensis* Dallas, 1852

体长17～18mm。头长，触角第1节端部膨大，前胸背板长，前端稍向下倾斜。中胸腹板具纵沟。最后3个腹节背板完全红色或赭色，后足胫节最基部及顶端黑色。

分布：天津、江苏、安徽、浙江、江西、湖北、福建、广东、广西、云南、重庆、甘肃。

寄主：不详。

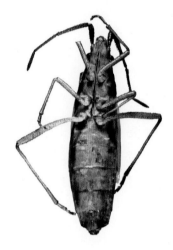

图4-29　中稻缘蝽 *Leptocorisa chinensis*

（十七）皮蝽科 Piesmatidae

32. 皮蝽属 *Piesma* Lepelitier et Serville, 1825

（43）黑头皮蝽 *Piesma capitata* (Wolff, 1804)

体长2.46～2.59mm，宽0.92～1.03mm。体淡黄褐色至褐色。头基部、复眼内缘、刺状突起基部及头中叶黑褐色，其余部分及刺状突起端部黄白色。头部略为三角形，宽为长的1.7倍，前端向下倾斜，触角褐黄色，第1节黄褐色，粗于它节，第4节端部褐色并被半直立毛；各节长为0.11mm、0.06mm、0.19mm、0.22mm；头侧叶前伸，超过头中叶达第1触角基的端部，尖端略向上举。喙褐色、顶端黑褐色，领及侧背板黄白色、胝黑色。前胸背板前半中央两条纵脊黄白色，彼此平行；后半圆鼓；侧角间宽为前角间宽的1.46倍；侧背板具一列小室，外缘中部略向内弯；前胸侧板窝的背面明显鼓起。小盾片黑褐色至黑色，端角显著鼓起。前翅褐黄色至浅褐色，具深褐色斑纹，基部黄白色，爪片端角黑色，前缘域极窄。后翅白色，半透明，与前翅等长。前胸侧板前半黄白色，后半黑褐色；中胸、侧板前方中央具一叶状突起，中胸腹板中部具横纹，后胸腹板长方形，顶缘及后缘平截。腹部腹面黄白色至黄色，中央及两侧各具一条褐带纹。足褐黄色，股节及胫节上遍布小颗粒突起及短毛。雄性生殖节深褐色，不向腹面弯曲。

分布：天津、甘肃、新疆、湖北；欧洲、非洲北部、西伯利亚、蒙古。

寄主：不详。

图4-30　黑头皮蝽
Piesma capitata

（十八）猎蝽科 Reduviidae

33. 土猎蝽属 *Coranus* Curtis, 1833

（44）大土猎蝽 *Coranus dilatatus* (Matsumura, 1913)

体长17～18mm，腹宽4～5.5mm，多为无翅型。长椭圆形，黑色，被灰黄色直立长和短毛。头长3.2mm，宽2.2mm左右，头顶宽1.1mm，被浅色平伏短毛和黑直立刚毛，中部具横沟，前叶与后叶约等长，头中叶长于侧叶，上鼓，具黑色刚毛和浅色平伏短毛，侧叶侧缘外弓，头顶前端两侧各具1突起；复眼黑包，球状，外突，侧面观眼前部分与眼后部分等长；单眼褐色，单眼间距约等于单眼至复眼间距的2倍；触角4节，黑色，位于头前端两侧，第1节长，具褐色长毛，第2～4节具少数褐色毛与浅色短细毛，头下方黑色。

分布：陕西、甘肃。

寄主：不详。

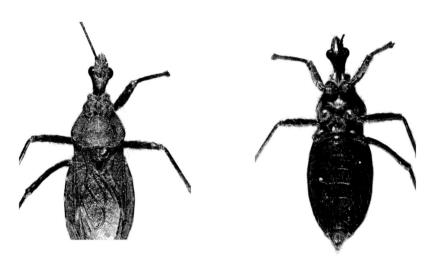

图4-31　大土猎蝽 *Coranus dilatatus*

（45）中黑土猎蝽 *Coranus lativentris* Jakovlev, 1890

体长10～13mm，棕褐色，被灰白色平伏短毛及棕色长毛，小盾片中央脊状，向上翘起，腹部腹面中央具黑色纵带纹，侧接缘端部3/5浅色。

分布：北京、天津、山西、山东、陕西、河南、甘肃。

寄主：捕食鳞翅目幼虫、蚜虫、小蜘蛛等。

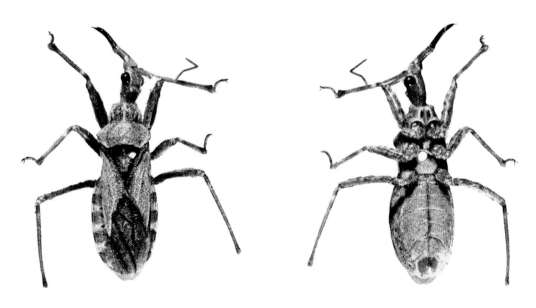

图4-32　中黑土猎蝽 *Coranus lativentris*

34. 猛猎蝽属 *Sphedanolestes* Stal, 1867

（46）红缘猛猎蝽 *Sphedanolestes gularis* Hsiao, 1979

体长11.5～13mm，黑褐色。体表被灰白色平伏和直立短毛。头在单眼之间的斑纹黄褐色；头腹面黄白色；触角第2节短于第3节。前胸背板前叶两侧圆鼓，后叶中央具1个宽浅凹陷。各足股节端部稍细缩。前翅远超腹末，膜片长而大。腹部红色，腹面两侧有时具黑褐色斑纹。

分布：浙江、安徽、福建、江西、河南、湖北、湖南、广东、甘肃。

寄主：不详。

图4-33 红缘猛猎蝽 *Sphedanolestes gularis*

（十九）网蝽科 Tingidae

35. 折板网蝽属 *Physatocheila* Fieber

（47）大折板网蝽 *Physatocheila orientis* Drake, 1942

体宽椭圆形，前翅前缘域中部之前有一很长的褐横带斑。头部触角基后方及前面3枚头刺之间有灰白色浓厚粉被；触角锈褐，被金色平伏短毛，第4节除基部外，其余大部黑褐色，被半直立长毛，各节长为0.15mm、0.13mm、1.12mm、0.39mm。胸部腹板纵沟锈褐色，腹板纵沟侧脊黄白色，不具网室；喙伸达胸部腹板纵沟末端。前胸背板锈褐色，有光亮；头兜前缘中部略向前突出；中纵脊略高，后半部具极细的小室，二侧脊于中部之后略向外分歧，不具小室；侧背板较宽，在侧角部分明显向上拱起，具6～7列室脉粗厚的小室。前翅较宽，前缘域宽，前半向侧上方翘起，后半平展，基部具2～3列较大、稀疏且透明的小室，褐色长横带斑处具4～5列较密而小的小室，横带斑后部略窄，具2列大、稀疏而透明的小室；亚前缘域略窄于前缘域，除前、后端外均具3～4列小室；小室面积同于前缘域宽带部分；中域褐色，较宽而长，最宽处具9列小室，与亚前缘域之间的纵脉呈波状，与膜域之间的纵脉呈粗脊状，黑褐色；后翅稍短于前翅，烟褐色，不透明。腹部腹面锈褐，各腹节两侧的中部及节间处均具深褐色细横线斑。

分布：陕西、甘肃；日本。

寄主：不详。

图4-34 大折板网蝽
Physatocheila orientis

36.长喙网蝽属*Derephysia* Spinola

（48）长喙网蝽*Derephysia foliacea* (Fallén, 1807)

雄虫体长2.85～3.34mm，宽1.49～1.65mm。椭圆形，头及前胸背板深褐色，其他部分均为玻璃状透明小室，室脉深褐色。头红褐色或黑褐色，被刻点，体背面粗糙不平，仅于前面具一对刺，大颗粒状或短棒状，顶端浅褐色；触角褐色，被半直立长毛（毛长度大于第3节的直径），各节粗细略等，各节长为0.15mm、0.08mm、0.72mm、0.35mm。第3节为第1、第2节之和的3倍，为第4节的2倍；小颊深褐色，窄叶状，具3列小室，下缘小室稍大，喙浅褐色，喙端深褐色，伸达腹部第3节的后缘。前胸背板黑褐色、有光泽，满布刻点，中部刻点密而深，至两侧渐变稀而浅，前半部具少许细长直立的毛，三角突部透明无色，不被刻点及毛，具若干较大的小室，盘域略向上圆鼓；头兜发达，屋脊形（侧面观），前端伸达第1触角的中部，具3～6个大形小室，背面观梨形覆盖头的大部，仅头中叶前端、触角基及复眼露出于头兜之外；中纵脊宽叶状，无色透明，于头兜之后略微高起，最高处与头兜等高，具一列较大长方形小室；二侧脊短，前端始自头兜后缘，后端止于三角突的前缘，并略向外分歧，具一列方形小室，从侧面观圆弧状，稍低于中纵脊；侧背板玻璃状透明，向外扩展呈宽叶状，外侧缘呈圆弧状，前缘外角向前伸出达触角基顶端，前半部具3列小室，后半部具1～2列小室；胸部腹板纵沟深褐色，沟浅，纵沟侧脊较低，呈窄叶状，彼此平行，末端不向内弯，具一列较小圆形小室。前翅无色透明，较长于腹部末端，前缘的基部及端部略向内弯，其余部分是直的，前缘域具2列较大五角形的小室，亚前缘域具一列极大的长方形小室，中域及膜域具3列较大五角形小室，亚前缘域及中域之间屋脊状拱起约与头兜、中纵脊等高。后翅白色透明，短于前翅但长于腹部末端。

分布：内蒙古、河北、青海、四川、甘肃；英国、爱尔兰、荷兰、比利时、法国、葡萄牙、意大利、瑞士、德国、奥地利、波兰。

寄主：蒿属、车前属、茼蒿属、忍冬属、百里香属、常春藤属、藜属、栎属，黑果越橘、万年藓。

图4-35　长喙网蝽 *Derephysia foliacea*

（二十）盾蝽科 Scutelleridae

37. 扁盾蝽属 *Eurygaster* Laporte, 1832

（49）扁盾蝽 *Eurygaster testudinarius* (Geoffroy, 1758)

体长9~10mm，宽6mm。体椭圆形，黄褐色至灰褐色。小盾片中央形成"Y"形淡色纹，顶端起自基缘两侧的黄色胝状小斑，腹部各节侧接缘后半黑色，腹下中央处有密集的黑点组成的小斑。

分布：黑龙江、河北、山西、陕西、山东、江苏、江西、湖北、四川、重庆、浙江、甘肃。

寄主：麦类、水稻。

图4-36　扁盾蝽 *Eurygaster testudinarius*

38. 绒盾蝽属 *Irochrotus*

（50）西伯利亚绒盾蝽 *Irochrotus sibiricus* Kerzhner

体长4~5.5mm，椭圆形。体灰褐色至黑褐色，密被黑色和白色长毛；头三角形，触角5节，黄褐色；喙伸达后足基节；前胸背板长方形，中部具深横沟，前、后缘直；小盾片大而隆起，达腹部末端；足黑褐色。

分布：内蒙古、甘肃；俄罗斯。

寄主：不详。

图4-37　西伯利亚绒盾蝽 *Irochrotus sibiricus*

（二十一）姬缘蝽科 Rhopalidae

39. 伊缘蝽属 *Rhopalus* Schilling, 1827

（51）褐伊缘蝽 *Rhopalus sapporensis* (Matsumura, 1905)

体长8.5～9.3mm，褐色。体表密被细刻点。触角第2节外侧具1条隐约黑褐色条纹，第4节基部和端部橙色，其余黑褐色。前胸背板中纵脊明显，前侧缘平直，侧角圆钝；小盾片顶端色浅，稍翘起；后胸侧板后角向外扩张，由背面可见。足黄褐色，具大量深色斑点。前翅革片具若干黑褐色斑点，端角红褐色。腹部背面黑褐色，具数个黄色斑点；侧接缘各节基部黄褐色，端部黑褐色。

分布：北京、河北、山西、内蒙古、黑龙江、江苏、浙江、福建、江西、湖北、广东、广西、四川、云南、西藏、陕西、甘肃；俄罗斯、韩国、日本。

寄主：不详。

图4-38 褐伊缘蝽 *Rhopalus sapporensis*

40. 粟缘蝽属 *Liorhyssus* Stal, 1870

（52）粟缘蝽 *Liorhyssus hyalinus* (Fabricius, 1794)

成虫体长6～7mm，体草黄色，有浅色细毛。头略呈三角形，头顶、前胸背板前部横沟及后部两侧、小盾片基部均有黑色斑纹，触角、足有黑色小点。腹部背面黑色，第5背板中央生1卵形黄斑，两侧各具较小黄斑1块，第6背板中央具黄色带纹1条，后缘两侧黄色。卵长0.8mm，椭圆形，初产时血红色，近孵化时变为紫黑色，每1卵块有卵10多粒。若虫初孵血红色，卵圆形，头部尖细，触角4节较长，胸部较小，腹部圆大，至5～6龄时腹部肥大，灰绿色，腹部背面后端带紫红色。

分布：全国分布。国外几乎遍及世界各地。

寄主：谷子、高粱、萝卜、白菜、向日葵、烟草。

图4-39 粟缘蝽 *Liorhyssus hyalinus*

（二十二）盲蝽科 Miridae

41. 齿爪盲蝽属 *Deraeocoris* Kirschbaum

（53）黑食蚜盲蝽 *Deraeocoris punctulatus* Fallen, 1807

体长 3.8～4.7mm，黑褐色。长椭圆形，体表光滑无毛，浅黄褐色，头顶、前胸背板和前翅革质部上具大的黑色斑。头顶橘黄色，中央具大的纵走黑斑，前端延伸到唇基，后端延伸到头顶后缘附近，但决不达横脊，后缘具宽的黑色横脊。复眼黑褐色。触角红褐色，第 I 节短，色稍浅，圆柱形，基部稍细；第 II 节线状，雌性端部加粗不明显，密布浅色半直立短毛；第 III、IV 节约和第 I 节等长，黑褐色，具浅色半直立短毛；喙红褐色，端部黑色，伸达中足基部前缘。前胸背板黄绿色至浅黄褐色，密布黑褐色粗大刻点，盘区具两个纵走的大黑胝。胝大面积黑色，仅在两胝相连的前方区域黄色，光亮，左右相连，稍突出。领污黄褐色，无光泽。小盾片红褐色至黑褐色，具黑褐色明显刻点，基侧角、有时整个侧缘和后端黄色，后端的黄色部分一直延伸到小盾片的中部。前翅革质部草黄色至浅黄褐色，具和前胸背板一样的红褐色刻点；缘片外缘和楔片上的刻点稀疏；爪片的顶端、缘片和革片结合处的中间、缘片的端部、革片和楔片的端部具红褐色斑；膜片灰黄褐色，翅脉浅红褐色。腿节基部大半红褐色，端部黄褐色，具不规则的红褐色斑；胫节红褐色，亚基部、亚基部的前端、亚端部各具黄褐色环，密布浅色半直立短毛；跗节红褐色，稍弯曲，密布浅色半直立短毛。臭腺孔缘黄色，中部微染浅黄褐色。腹部腹面黑褐色至黑色，密布浅色半直立绒毛。雄性外生殖器左阳基侧突短小，感觉叶一侧近圆形，其上具较短毛，端部向一侧弯曲，末端足状；右阳基侧突小，感觉叶具三角形的突起，端部末端瓶嘴状。阳茎端背面观具 2 个膜囊和 1 个中度骨化的附器，一侧膜囊上有骨化的部分；另一侧骨化附器中度骨化，长板状，一膜叶位于中部。次生生殖孔开口不明显。

分布：河北、北京、天津、山西、内蒙古、新疆、黑龙江、浙江、山东、河南、四川、陕西、甘肃、宁夏；日本、伊朗、土耳其、瑞典、俄罗斯（西伯利亚）、德国、捷克、法国、意大利。

寄主：不详。

图4-40 黑食蚜盲蝽 *Deraeocoris punctulatus*

42.后丽盲蝽属*Apolygus* China, 1941

（54）绿后丽盲蝽*Apolygus lucorum* (Meyer-Dür, 1843)

体长4.4～5.4mm，绿色，具可变的黑褐色斑纹。头前端（唇基端部）黑褐色；触角第2节短于前胸背板宽，向端部渐成褐色，第3节、第4节深褐色。前胸背板表面具细密刻点。后足股节端部具2个隐约的褐色环纹；各足胫节刺基部无深色斑点。前翅革片内角及周围常具黑褐色晕斑，楔片端角部分无黑斑。

分布：北京、河北、山西、吉林、黑龙江、江苏、福建、江西、河南、湖北、湖南、重庆、贵州、云南、陕西、甘肃、宁夏；俄罗斯、日本、欧洲、北美洲、非洲。

寄主：不详。

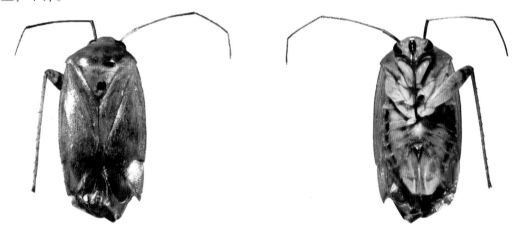

图4-41　绿后丽盲蝽 *Apolygus lucorum*

43.纹翅盲蝽属*Mermitelocerus* Reuter, 1908

（55）纹翅盲蝽*Mermitelocerus annulipes* Reuter, 1908

体长 7.5～9.5mm，体狭长，两侧平行。略具光泽。底色鲜绿，干标本黄褐色至深黄褐色，具黑色斑纹，毛黑色，短。头较宽短，眼相对较大，明显伸出于前胸背板前部之外。额饱满程度较弱，平行横纹只可辨痕迹，额前部中央成一低锥状，圆钝地隆起，头顶中部具略为下凹的宽带状微刻区，成"X"形宽带状，头顶后部略下凹，微呈颈状。侧面观唇基基半轻微前隆。头部毛淡色，较细密。淡色个体中，头的底色黄绿色或黄褐色，额具若干黑褐色平行横纹，唇基背面黑色，头顶中纵带（1条或2条）黑色深色个体中，头部底色黑，额中央一黄色椭圆形小斑，触角窝内侧一小斑以及沿眼内缘及前、下缘的宽带淡黄褐色。触角第1节粗长，淡红褐色至黑色，被整齐的浓密的粗黑色半直立毛；第2节亚棒状，长，基部2/3淡色而其余黑，直至全部黑色不等，毛短小而密，色较淡；第3、4两节线形，污黑褐色，第3节基部渐淡。喙伸达中胸腹板后缘。前胸背板领粗，约与触角第2节端部等粗，背面全黄，或只部分黄色而其余黑色盘域底色绿色或黄褐色，盘域前的部分在淡色个体中只胝缘断续地黑色，深色个体中几全黑，仅前缘中央及两侧在胝前各有一小黄斑，胝上有一小黄斑盘域侧缘宽带黑，淡色个体只侧缘后半如此各胝后有一黑色纵带，深色个体伸达后缘区中段两侧的大黑斑，成连续的宽纵带状，淡色个体则只伸达盘域中部后缘区黑斑可横列而小，或无。盘域圆隆饱满，具不规则的粗皱刻，毛基部具细刻点毛短小，黑，半直立，较密。背板侧缘直，侧角圆钝，宽阔地微翘起。小盾片淡黄绿色或淡锈黄色，基缘、基角及侧缘前半黑色，基缘黑色部分有时中央有一对短纵纹向后伸出表面较光滑，侧区横皱明显。半鞘翅绿色或污黄褐色，侧缘直爪片各缘狭细地黑褐色，爪片具粗皱刻革片外缘以及由此缘中央向内后方发出并渐与前者平行的一条细纹黑褐色，爪片内半的一部分常成深色革片中部的斜纵带淡黑褐色，起自前部，向后渐宽，伸达革片端缘的内半，革片表面具皱刻，浅于爪片，不规则，粗糙，似不具明显的刻点半鞘翅毛似前胸背板，但较长，半平伏。楔片淡黄白色，末端黑褐色，基外角浅黑褐。膜片烟黑褐色，脉黄色。足细长，淡污褐色股节具碎褐斑，后足股节背面深褐色至淡黑褐色，后足胫节刺黑褐色，较短小，短于胫节直径，基部小黑点斑不明显。跗节细长，污黑褐色。雄虫体下几全黑，雌虫腹部侧面具污黄褐色纵带。

分布：北京、河北、辽宁、吉林、黑龙江、陕西、甘肃；俄罗斯、朝鲜、韩国、日本。

寄主：不详。

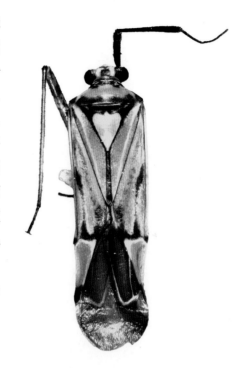

图4-42 纹翅盲蝽
Mermitelocerus annulipes

44. 泰盲蝽属 *Taylorilygus* Leston, 1952

（56）泛泰盲蝽 *Taylorilygus apicalis* (Fieber, 1861)

体长 4.2~5.7mm，体长椭圆形，浅灰绿色，干标本淡灰黄色，丝状毛淡色，平伏，略弯曲，具闪光。头垂直，毛稀疏雄头顶与头宽的比为0.30：1，雌为0.34：1头顶中纵沟浅，后缘嵴完整，略波眦，中部略后弯。触角第Ⅱ节线形，同体色，有时末节略加深。喙明显伸过后足基节。前胸背板及领同体色，刻点粗糙，不规则，具横皱，略具光泽。小盾片同体色，有时具"八"字形褐斑革片常有3个较模糊的淡褐色或灰褐色纵斑，后半中央一灰褐色纵带最为常见刚毛状毛细，淡黄褐色，长密，较直，半平伏，前、后毛长度2/3以上重叠，另有银白色闪光丝状毛混生，平体面，常微弯，基半略粗爪片与革片刻点密，成浅皱状。爪片后半中央偏内或沿接合缘常加深为褐色楔片端角黑褐色至黑色，长约为其基部宽的2倍。膜片淡烟灰色至烟褐色。体下色同背面，有时腹下侧缘有一深褐色纵带直至腹末。足同体色，股节亚端部具2个浅褐色环，胫节刺略深于体色。

分布：浙江、福建、江西、湖北、湖南、广东、广西、四川、贵州、甘肃、云南、西藏、台湾；日本、欧洲、北美洲、大洋洲、非洲、南美洲。

寄主：不详。

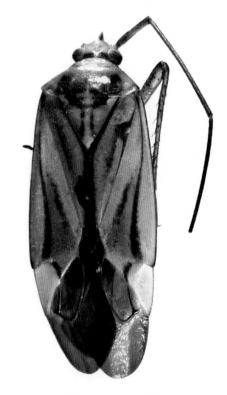

图4-43 泛泰盲蝽
Taylorilygus apicalis

45.赤须盲蝽属 *Trigonotylus* Fieber, 1858

（57）条赤须盲蝽 *Trigonotylus caelestialium* (Kirkaldy,1902)

体长4.8～6.5mm，狭长形，浅绿色。头近三角形，前端较尖，背面具浅褐色中纵纹；触角细长，红色，第1节具3条鲜红色纵纹。前胸背板有时具4条隐约的褐色纵纹；中胸盾片宽阔地外露，小盾片中线颜色较浅。足绿色，各足胫节端部和跗节红褐色。前翅半透明，膜片浅褐色。

分布：北京、天津、河北、山西、内蒙古、辽宁、吉林、黑龙江、江苏、江西、山东、河南、湖北、四川、云南、陕西、甘肃、宁夏、新疆；俄罗斯、朝鲜、韩国、日本、欧洲、北美洲。

寄主：不详。

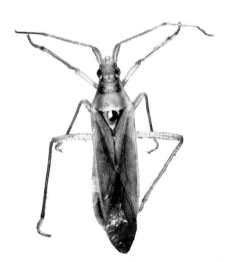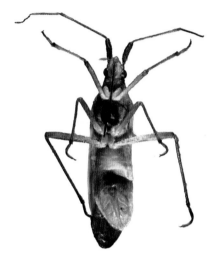

图4-44 条赤须盲蝽 *Trigonotylus caelestialium*

46.跳盲蝽属 *Halticus* Hahn, 1833

（58）微小跳盲蝽 *Halticus minutus* Reuter, 1885

体长 2.2～2.4mm，紧凑圆隆，黑褐色。头横宽；复眼紧贴前胸背板前缘；触角极细长，浅黄褐色，第3节、第4节端部色深。前胸背板侧缘近直，侧角圆钝，后缘向后弧弯；中胸盾片不外露。各足股节深褐色至黑褐色，端部浅黄褐色，后足股节膨大，前、中足胫节浅黄褐色，后足胫节基半（除最基部外）深褐色至黑褐色，最基部和端半浅黄褐色。

分布：北京、浙江、福建、江西、河南、湖北、广东、广西、四川、云南、陕西、甘肃、台湾；东洋界。

寄主：不详。

图4-45 微小跳盲蝽
Halticus minutus

47. 草盲蝽属 *Lygus* Hahn, 1833

（59）长毛草盲蝽 *Lygus rugulipennis* (Poppius, 1911)

体长 5～6.5mm，浅黄褐色并稍带绿色。头绿褐色，具各式红褐色至褐色斑纹；触角黄褐色至深褐色，第2节端部 1/3 黑褐色。前胸背板稍带红褐色泽，具形式不一的黑褐色斑纹；中胸盾片颜色常较深，小盾片具1对黑褐色三角形纵斑，大小不等。后足股节端部和胫节基部黑褐色。前翅革片具可变的深色斑纹，楔片端角深褐色。

分布：北京、河北、内蒙古、辽宁、吉林、黑龙江、河南、四川、西藏、新疆、甘肃；俄罗斯、朝鲜、韩国、日本。

寄主：不详。

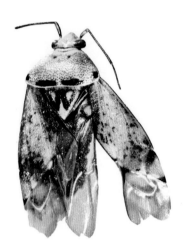 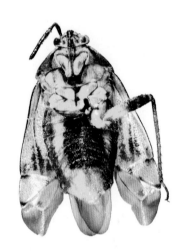

图4-46　长毛草盲蝽 *Lygus rugulipennis*

（二十三）花蝽科 Anthocoridae

48. 小花蝽属 *Orius* Wolff, 1811

（60）东亚小花蝽 *Orius sauteri* (Poppius, 1909)

体长 1.9～2.3mm，褐色至黑褐色。头顶中央具"Y"形分布的纵毛列，单眼之间具1个横毛列；触角黄褐色，第3、4节颜色稍深。前胸背板侧缘微凹或直，中央横陷清楚，领和后叶具很多刻点，外观呈横皱状。足黄褐色，各足股节外侧颜色较深。前翅爪片和革片浅色，楔片大部或仅末端颜色较深，膜片灰褐色。

分布：北京、天津、河北、山西、辽宁、吉林、黑龙江、山东、河南、湖北、四川、甘肃；俄罗斯、朝鲜、日本。

寄主：蚜虫、蓟马、螨类、鳞翅目初孵幼虫。

图4-47　东亚小花蝽 *Orius sauteri*

（二十四）角蝉科 Membracidae

49. 竖角蝉属 *Erecticornia* Yuan et Tian, 1997

（61）长瓣竖角蝉 *Erecticorina longovipositoris* Yuan et Tian, 1997

体中大型，栗褐色。头黑色，密被细柔毛，头顶宽大于高，基缘拱起，下缘倾斜。复眼暗褐色。单眼浅黄色，透亮，位于复眼中心联线上，彼此间距等于到复眼的距离。额唇基1/2伸出头顶下缘，端截，侧瓣小而与中瓣融合。前胸背板栗褐色。前胸斜面凸圆，基部和胝黑色，中脊全长均有。上肩角粗短，前面观近直立，顶端黑色，向后弯曲。后突起从前胸背板后缘向后延伸，背面中部略向上隆起，顶端尖而黑色，两上肩角顶端的宽度小于两肩角顶端的宽度。小盾片两侧露出。前翅浅黄褐色，基部1/7革质，黑色，有刻点；5端室，2盘室。后翅白色透明，3端室。胸部两侧暗褐色。足赤褐色，但爪黑色。腹部黑色。

图4-48　长瓣竖角蝉 *Erecticorina longovipositori*

分布：四川、甘肃。

寄主：沙棘等。

50. 无齿角蝉属 *Nondenticentrus* Yuan et Chou, 1992

（62）黑无齿角蝉 *Nondenticentrus melanicus* Yuan et Cui, 1992

雌性体中型，漆黑色，有刻点和金色毛。头宽大于高，基缘弧形，头顶下缘倾斜。复眼黑褐色，有褐色边眶。单眼黄色，位于复眼中心联线上方，彼此间距等于到复眼的距离；单眼上方有无毛亮斑。额唇基长大于宽，其长度的1/2伸出头顶下缘，顶端有上翘边。前胸斜面略倾斜，宽为高的2倍，中脊全长均有；胝下凹，光亮。上肩角宽扁，伸向外上方，前缘圆，后缘直，长略短于两基间距离。后突平直，基部下缘上凹，与小盾片间有缝隙，顶端尖锐，伸过前翅臀。小盾片露出狭，基部有白斑。前翅浅黄色，半透明，翅脉褐色，顶端前缘有大的深褐色斑。后翅白色透明。足腿节深褐色，胫和跗节褐色。胸两侧有白毛。腹基节有白色圆斑，透翅可见。第9腹节背板略短。中产卵瓣端半部具齿，基部有1大齿，端部为小齿，顶端尖，长宽比为3.3：1。

雄性与雌性形态基本相似。阳茎弯曲，端部细尖。阳基侧突弯曲部分略宽，顶端有小钩。生殖侧瓣狭，上端尖，高度比为2.3：1。

分布：四川、西藏、甘肃。

寄主：不详。

图4-49　黑无齿角蝉 *Nondenticentrus melanicus*

（63）黄胫无齿角蝉*Nondenticentrus flavipes* Yuan et Chou, 1992

雌性体中型。头宽大于高，基缘弧形，头顶下缘倾斜，边缘上翘。复眼黄色。单眼明显，黄色，位于复眼中心连线上方，彼此间距离略大于到复眼的距离，每单眼上方近头基有光滑凸脊。额唇基不分瓣，长大于宽，其长1/2伸出头顶下缘，端平截，有上翘边缘。前胸斜面宽大于高，中脊全长均有；胝黑色发亮。上肩角粗壮而长，背腹扁，伸向外上方，端部后弯，长为其基间距离的2倍。肩角三角形。后突起细长，基部略高出前胸背板背盘部，下缘向上凸，与小盾片离有缝陷，端部尖锐，伸过前翅臀角。小盾片大部分露出，基部两侧有白毛斑。前翅浅黄色，半透明，狭长，翅脉褐色，R脉基部和臀角黄色透明，第2端室有深褐色斑。后翅白色透明，有皱纹。足的腿节和爪黑褐色，胫节黄色。后足转节内侧无齿。胸部两侧有白色细毛斑。腹第9节背板狭长，中产卵瓣细长，端半部具齿，基部和1/2处各有1大齿，顶端钝，长宽比为3∶1。

雄性和雌性形态基本相似，但体较小。阳茎向上弯曲，端半部从中间变细。阳基侧突细，弯曲部细，顶端有弯曲小钩。生殖侧瓣窄长，上下端均尖，高度比为2.1∶1。

分布：四川、甘肃。

寄主：不详。

图4-50　黄胫无齿角蝉
Nondenticentrus flavipes

51.耳角蝉属*Maurya* Distant, 1916

（64）秦岭耳角蝉*Maurya qinlingensis* Yuan, 1998

雌性体中型。头黑色，密生刻点，被黄色短毛，宽大于长。复眼黄色。单眼浅黄色，位于复眼中心连线很上方，彼此间距离稍大于距复眼的距离。头基缘弓形，下缘斜直，头顶额唇基沟半圆形。额唇基三瓣状，中瓣宽大，2/3伸出头顶下缘，端部1/3扩大，顶平直，侧瓣发达，伸出头顶下缘。前胸背板红褐色，有细毛及刻点。前胸斜面近垂直，前缘稍前伸，中脊强，全长均有；胝大，黑色，有稀疏毛，肩角端钝。上肩角发达，近平伸，背面观近三角形，前缘弧形，后缘直。后突起屋脊状，基部凹，中后部最高，端部斜下，基部和端部红褐色，中部黄褐色，顶尖锐，伸达前翅臀角。小盾片两侧露出狭，黑色，基侧角有1丛白毛。前翅基部革质区宽，红褐色，有刻点，其余白色半透明，有较宽的褐色内、外横带，以及由顶角斜向臀角内侧的斜带，后部和外横带相交；端膜宽，第5端室外有暗色斑纹；盘室数目不稳定，多为3个(第3和第5径室，中室分出小室)，少数4～5个(径室和中室分出小室)，有的个体左

图4-51　秦岭耳角蝉
Maurya qinlingensis

右2翅盘室数目不同。后翅白色透明，翅脉黄色，3端室。胸部外侧及腹面黑色多毛。足基、转节与腿节基半部黑色，胫及跗节褐色，爪深褐色。腹部黑色，背面具刻点及稀疏短毛，腹面毛密。

雄性外形和雌性基本相同。阳茎极弯曲，端钝，上缘的倒逆微齿区长。阳基侧突端部弯钩状，近顶端有1根毛，弯钩内方有10多根毛，排列不整齐。

分布：甘肃。

寄主：落叶松、胡颓子。

（65）栎耳角蝉 *Mautya querci* Yuan, 1998

雌性体中小型。头棕黄色，有较粗的刻点及黄色毛，宽大于高。复眼椭圆形，黄褐色。单眼浅黄色，位于复眼中心连线上方，彼此间距离稍大于距复眼的距离。头顶下缘斜直，有翘边。头顶额唇基沟倒"V"字形，额唇基三瓣状，中瓣大，2/3伸出头顶下缘，端部1/3扩大，端平截有长毛，侧瓣小，顶端与头顶下缘几呈斜线。前胸背板褐色，有密刻点及稀疏黄毛。前胸斜面近垂直，中部略凸圆；胝大，黑色少毛；中脊近前缘不明显，其余显著。肩角大，端钝。上肩角发达，伸向外上方，背面观近三角形，前缘弧形，后缘平直，短于两基间距离。后突起发达，中部隆起，端部下斜，顶伸出前翅臀角。小盾片两侧露出狭，基部有白细毛小斑。前翅基部革质区宽，褐色，其余灰白色透明，顶角有1褐色大斑，有较模糊的褐色内、中横带；翅脉黄褐色，2盘室，5端室。后翅白色透明，有皱纹，翅脉黄色，3端室。胸侧和腹面被白色细毛。足基、转节及腿节大部分黑色，腿节端部、胫及跗节赤褐色，爪黑色。腹部黄色到黑色，腹面的毛较背面的密。

雄性外形与雌性基本相似，雄性体较小，上肩角短，近平伸。头黑色。阳茎极弯曲，端部背面3/4有倒逆的微齿，顶端略尖。阳基侧突端有弯钩，近顶端有1根毛，弯钩内方有10多根毛。

分布：福建、安徽、甘肃。

寄主：栎树。

图4-52 栎耳角蝉 *Mautya querci*

52. 圆角蝉属 *Gargara* Amyot et Servile, 1843

（66）太白圆角蝉 *Gargara taibaiiensis* Yuan et Li, 2002

雄性体中型，黑色。头部黑色，有稠密刻点和浅褐色斜立细毛。头顶垂直，宽略大于长，基缘略呈弓形，下缘弧形，倾斜，明显上翘。复眼黑褐色，卵圆形。单眼浅黄色至黄褐色，位于复眼中心连线稍上方，彼此间的距离等于到复眼的距离。额唇基较小，长大于宽，其长1/2伸出头顶下缘；中瓣近长方形，端缘平截或略呈弧形；侧瓣三角形，延伸至中瓣端部1/3处。触角和喙暗黄褐色。前胸背板黑色，有稠密刻点和浅褐色斜立细毛。前胸斜面垂直，宽为高的2倍，中部凸圆。肩角钝三角形，不突出。背盘部中脊起两侧稍呈圆球形隆起，中脊起全长明显。后突起粗短，达不到前翅内角，从中部起逐渐变狭，顶端较钝；侧脊明显。小盾片两侧露出很宽。前翅淡黄褐色透明，端部1/4伸出腹部末端，基部1/7革质，黑色，有刻点和浅褐色细毛；翅脉黑褐色，第1盘室稍小于或等于第2盘室；端膜宽。后翅无色透明，有辐射状皱纹，翅脉褐色。胸部侧面黑色，有稠密的银灰色斜立细毛。3对足均为黑褐色，有时胫、跗节颜色稍浅；前足腿节端部无基兜毛。腹部黑色，背面有稀疏粗刻点和细毛，腹面有稠密的细刻点和银灰色斜立细毛。下生殖板基部稍宽，以后渐狭，边缘稍呈波状，顶端钝，中裂占全长的1/2。生殖侧板梯形。阳基侧突较直，向端部渐狭，端部向外弯成直角，顶端钝，内侧有不明显的三角齿状小钩。阳茎端部背腹扁平，稍膨大，阳茎开口长椭圆形，位于阳茎腹面近端部，其长为阳茎外臂长1/4；阳茎外臂背面端部1/3有倒逆的微齿。

分布：陕西、宁夏、甘肃。

寄主：枹栎。

图4-53 太白圆角蝉 *Gargara taibaiiensis*

53.负角蝉属 *Telingana* Distant, 1907

（67）等盾负角蝉 *Telingana scutellata* China, 1925

雌性体大型，黑色，被毛，胸部侧面有白色丝状毛。头顶宽大于高，基缘弓形。复眼近圆球形，褐色。单眼黄褐色，位于复眼中心联线上，彼此间距稍大于到复眼的距离。单眼周围稍隆起，其上至头基缘下方有1半圆球形瘤突。额唇基侧瓣明显，中瓣端部1/2伸出头顶下缘，端圆，有脊。前胸背板黑色，有刻点和光泽，被金色细毛。前胸斜面垂直，宽大于高，上肩角发达，基部2/3粗壮，伸向上外方，背腹扁，端部1/3显著削细变尖，弯曲向后，顶尖锐。后突起从前胸背板后部伸出，基部1/4向上竖立，再弧形转折向后，从最高处渐渐向下斜伸，近端部垂直，细尖，远伸出前翅臀角，超过第5端室中部；有4条脊起。小盾片三角形，长宽略相等，故称等盾负角蝉；顶端稍向上翘，尖而无凹切；基部两侧有白毛斑。前翅狭长，长约为宽的3倍，除基部革质，黑色，有刻点外，其余浅黄色，有光泽，第2端室处有暗褐色长形斑，臀角处有1暗褐色斑纹；翅脉暗褐色，5端室，2盘室。后翅白色透明，有细皱纹。腹部黑色。足腿节、胫节暗褐色。

雄性体形较雌略小，后突起端部平直，上翘不明显，顶端伸达不到前翅第2端室中部。

分布：陕西、四川、云南、西藏、甘肃。

寄主：蒙古栎、西藏忍冬、箭竹、柞树。

图4-54 等盾负角蝉 *Telingana scutellata*

（二十五）尖胸沫蝉科 Aphrophoridae

54.尖胸沫蝉属 *Aphrophora* Germar, 1821

（68）二点尖胸沫蝉 *Aphrophora bipunctata* Melichar, 1902

体长9.1～10.8mm。褐黄色，复翅在近翅尖约1/3处的中央有1浅白色斑点。

分布：安徽、浙江、湖北、江西、湖南、福建、广东、广西、四川、贵州、云南、甘肃。

寄主：不详。

图4-55 二点尖胸沫蝉 *Aphrophora bipunctata*

55.歧脊沫蝉属*Jembrana* Distant, 1908

（69）阿里山歧脊沫蝉*Jembrana arisanensis* Chou et Liang, 1987

体长9.5mm。雄虫体中型。体表基本为浅黑褐色。头冠浅黑褐色，但前缘及其周缘区褐黄色。头冠长约为前胸背板的1/3，前缘钝圆，中纵隆脊显。唇基端甚狭长，背表刻点粗大。单复眼间的胝凹明显，前后端各有一较大凹窝。颜面中上部浅黑褐色，底部棕褐色，顶端中央一短中纵条带浅黄色，二侧横隆脊线显著，各一条，表面刻点粗大，稀散。触角及触角檐褐黄色，但后者在靠近复眼一侧有一黑褐色带纵跨。唇基端不显。头冠腹面余部暗褐色至浅黑褐色；生殖板细小，顶端尖，二板左右相距远，生殖刺突内、外齿间掘开深，夹角大，内齿约为外齿的倍宽，阳茎端干十分细长，顶端略膨大，端缘中央轻微掘开，平置，茎端外露许多，易与属内其他种相区别。

分布：台湾、甘肃。

寄主：不详。

图4-56　阿里山歧脊沫蝉*Jembrana arisanensis*

56.长沫蝉属*Philaenus* Stål, 1864

（70）牧草长沫蝉*Philaenus spumarius* (Linnaeus, 1758)

本种体色多变型，常见的有褐黄色、橙黄色及黑色三种变型。

分布：陕西、甘肃、黑龙江、内蒙古、新疆、西藏；日本、古北区，新北区。

寄主：橄榄。

图4-57　牧草长沫蝉*Philaenus spumarius*

57.异长沫蝉属*Aphilaenus* Vilbaste, 1969

（71）满洲里异长沫蝉*Aphilaenus scutellatus* Kato, 1933

体褐黄色，复翅中部前后各有一条浅白色横带。

分布：辽宁、内蒙古、陕西、湖北、福建、云南、甘肃；朝鲜、日本、马来半岛、印度。

寄主：不详。

图4-58　满洲里异长沫蝉 *Aphilaenus scutellatus*

58.中脊沫蝉属*Mesoptyelus* Matsumura, 1904

（72）一带中脊沫蝉*Mesoptyelus fasciatus* Kato, 1933

体长7mm，体色黄褐色，前翅黑褐色，近前缘的3个白色斑，第1～2斑相连，第2～3斑近邻，第2斑与内侧的斑相连。

分布：山西、陕西、台湾、四川、甘肃。

寄主：不详。

图4-59　一带中脊沫蝉 *Mesoptyelus fasciatus*

59. 象沫蝉属 *Philagra* Stål, 1863

（73）易贡象沫蝉 *Philagra yigongensis* Liang, 1998

雄虫体细小，长 9.8～10.7mm，除头突腹面的倒"V"形纹黄色外一致浅暗褐色。头冠头突细长，与背板及小盾片总长约等，无隆脊，腹面包括颜面浅黑褐色，两侧有倒"V"形黄色纹，但极不显且仅达颜面两侧基部。喙基节黄褐色，端节浅黑褐色。胸部前胸背板中前部沿中纵线浅凹陷。小盾片暗褐色。侧板及前、后胸腹板暗褐色，中胸腹板黑褐色。足褐黄色至暗褐色。腹部复翅一致暗褐色。侧、腹板包括生殖节褐黄色至暗褐色。

分布：吉林、辽宁、河北、山西、河南、青海、湖北、四川、贵州、云南、甘肃；俄罗斯，朝鲜。

寄主：草本植物。

图 4-60 易贡象沫蝉 *Philagra Yigongensis*

（二十六）叶蝉科 Cicadellidae

60. 横脊叶蝉属 *Evacanthus* Lepeletier et Serville, 1825

（74）二点横脊叶蝉 *Evacanthus biguttatus* Kuoh, 1987

体长约 3mm，全体淡黄绿色，前胸中央有纵行白色宽带，两侧各有 1 个大白斑。小盾片黄褐色，中央白带及两侧白斑与前胸背板相接。前翅有光泽，半透明，翅端 1/3 处有黑褐色斑 1 个。

分布：陕西、西藏、贵州、湖北、云南、吉林、台湾、四川、山西、甘肃。

寄主：不详。

图 4-61 二点横脊叶蝉 *Evacanthus biguttatus*

（75）黄褐横脊叶蝉*Evacanthus ochraceus* Kuoh, 1992

体及前翅淡黄褐色。头冠各脊黑色，单眼区及基部长圆形斑均黑色；复眼黑色；单眼淡黄褐色；颜面除基部淡黄褐色外，其余部分为烟黄色。前胸背板前缘区有数枚小型黑褐色斑点，其中中域并列2枚，两侧各3聚于一处；小盾片两基侧角黑色；前翅烟黄色，翅脉色较浅；胸部腹面、前足与中足间有5黑褐色斑点排成1横列，各足胫节与各跗节端部及后足胫刺烟黄色，跗爪烟黑色。腹部背面黑褐色，腹面烟黄色，各腹板后缘及雄虫下生殖板烟褐色。雌虫前胸背板前缘中央斑点不明显，前翅翅脉带橙色。

分布：陕西、云南、四川、甘肃。

寄主：不详。

图4-62　黄褐横脊叶蝉 *Evacanthus ochraceus*

61.冠垠叶蝉属*Boundarus* Li et Wang, 1998

（76）北方冠垠叶蝉*Boundarus oguma* (Matstumura, 1911)

体连翅长，雄虫5.2～5.5mm，雌虫5.5～5.8mm。体淡黄褐色。头冠中央有1心脏形黑斑；单眼淡黄褐色；复眼深褐色；颜面淡橙黄色，基缘域、额唇基两侧带纵纹，前唇基中域大部及舌侧板黑色。前胸背板淡橙黄色微带白色，前缘域横带纹、中后部2小斑均黑色，此斑与前缘域横带纹不相接；小盾片全黑色；前翅黑色，端区煤褐色，前缘域淡黄白色，翅脉淡橙黄色；胸部腹板黑色，胸足淡黄白色。腹部背、腹面均黑褐色，唯雌虫腹部第6、第7腹节腹板及尾节黄褐色。

分布：贵州、湖北、青海、辽宁、云南、吉林、四川、河北、山西、河南、甘肃。

寄主：草本植物。

图4-63　北方冠垠叶蝉 *Boundarus oguma*

62.端叉叶蝉属 *Watanabella* Vilbaste, 1969

（77）双叉端叉叶蝉 *Watanabella graminea* Choe, 1981

体连翅长，雄虫4.2～4.6mm，雌虫4.5～5mm。头冠前缘黄色，具2对"八"字形斑纹或具1对"八"字形黑色斑纹，靠前缘的斑纹较大；中域具1对近圆形小斑纹或无斑；后缘具1对倒"八"字形黑色短斑或者无斑。复眼黑色，单眼褐色。前胸背板黄褐色，具黑色斑纹或仅前域具4枚小斑或光滑无斑；小盾片黄褐色或黄色，基角黑色或仅前缘可见褐色小斑，中央具黑色斑块或者1对小圆斑或者无斑。颜面黄褐色；额唇基仅前缘具2枚黑色彼此分离的斑块或斑块下连接着短横纹（延伸至基部或仅位于中部）或者除中央具1黄色椭圆形区域外全黑色；前唇基端部褐色或除两侧缘具窄黄边外全黑色；舌侧板侧边缘黑褐色或几乎全黑色。前翅黄绿色，无斑；翅脉黄色。雄虫尾节侧瓣基部宽，端向渐窄，端区具长刚毛；腹缘内侧突起钩状，外侧缘具齿。生殖基瓣近心形。下生殖板基部宽，端部骤然变细，呈指突状，硬化；外侧缘有6根长刚毛，夹杂着细毛。阳茎干管状弯曲，端向渐窄；端部具1对突起，突起基部具1对短侧突。连索"Y"形，主干短于臂长。阳基侧突狭长，端部渐窄，约为基部的1/2。

分布：贵州、云南、四川、甘肃、江西、河南、山西、山东。

寄主：不详。

图4-64　双叉端叉叶蝉
Watanabella graminea

63.掌叶蝉属 *Handianus* Ribaut, 1942

（78）双斑掌叶蝉 *Handianus limbifer* Matsumura, 1902

体连翅长，雄虫5.3～5.6mm，雌虫6.2～7.1mm。头冠黄色，前缘两侧黑色；具2对黑斑，外侧黑斑大，前域黑斑非常小。复眼黑褐色，单眼黄色。前胸背板黄褐色，后域具1对褐色斑；小盾片浅黄色，中域具1对圆形褐色斑。颜面黄色；额唇基基缘有1对黑色大斑，中部具1"八"字形黑色纹；与颊连接处黑褐色；前唇基黄色；舌侧板黄色，端部具1褐色纵纹。前翅棕褐色，前缘具黄白色窄边；翅脉绿色。足黄色。雄虫尾节侧瓣基部宽，端向渐窄；背缘中域至端域凹陷；中域具1根刚毛，端域具1根刚毛。生殖基瓣近梯形。下生殖板宽大，密布刚毛。阳茎干基部宽，端向渐窄；端部具1对突起，向两侧平伸，并且中部弯折；端部尖，突起平直腹缘处具锯齿；中部具1短小的枝突。连索"Y"形，主干明显小于臂长。阳基侧突基部宽；端向渐窄；亚端部骤然弯折，弯折处具细毛。

分布：河南、吉林、河北、黑龙江、山西、陕西、甘肃。

寄主：不详。

图4-65　双斑掌叶蝉 *Handianus limbifer*

64. 白脉叶蝉属 *Matsumurella* Ishihara, 1953

（79）曲尾白脉叶蝉 *Matsumurella expansa* Emeljanov, 1971

体连翅长，雄虫6.5～7mm，雌虫7.1～7.8mm。头冠黄白色，中域具2条黄色横纹。复眼黄褐色，单眼黄色。前胸背板黄褐色；小盾片黄白色，中域具2枚黑褐色小圆斑。颜面黄褐色；额唇基表面具褐色短横纹，横纹轻微隆起。前翅黄褐色，翅脉黄色，具白色横纹。雄虫尾节侧瓣基部宽，端向渐窄，端部延伸成角状突起，向腹缘弯折，端部尖；背缘中部具1簇中长刚毛。生殖基瓣宽大，近梯形；两侧缘波纹形。下生殖板宽短，外侧弧圆，端部内侧凹入，端部略尖；外侧缘具大量长刚毛。阳茎基部宽；阳茎干管状弯曲，呈反"C"形状；端向渐狭；端部2分叉；性孔位于亚端部。连索"Y"形，主干明显短于臂长。阳基侧突基部宽，中部凹入，亚端部骤然变细，形成1凹陷。

分布：贵州、吉林、河南、宁夏、青海、陕西、山西、河南、甘肃。

寄主：不详。

图4-66 曲尾白脉叶蝉 *Matsumurella expansa*

65. 长突叶蝉属 *Taurotettix* Haupt, 1929

（80）纵带长突叶蝉 *Taurotettix elegans* (Melichar, 1900)

体连翅长，雄虫4.8～5.3mm，雌虫5.3～6mm。体黄绿色。头冠、前胸背板和小盾片均为黄绿色。复眼暗棕色，单眼淡黄色；颜面整体呈黄绿色，端半部颜色略浅；额唇基中部两侧有淡棕色印纹。前翅黄绿色，在爪缝的下面到末端有一条宽的深棕色的纵带，胸腹板和胸足呈淡黄色，没有明显的条纹，腹部和生殖节呈深棕色。雄性的尾部节侧瓣较宽，端部较窄，后背缘呈弧形凹陷，后腹缘稍内凹；生殖基瓣近圆形；阳基侧突的基部较宽，端尖较尖；阳茎为圆筒形，背面弯曲，末端为扁平的片状突起。雌虫的第七节腹板后缘呈弧形深凹，中间圆弧凹陷。

分布：甘肃。

寄主：不详。

图4-67 纵带长突叶蝉 *Taurotettix elegans*

66.光叶蝉属*Futasujinus* Ishihara, 1953

（81）对突光叶蝉*Futasujinus candidus* (Matsumura, 1912)

雄虫尾节侧瓣宽短，有1发达的细长突起、呈针状并向内反折。生殖瓣正三角形。下生殖板外缘弧形突出，近端部略平截。阳基侧突端突指状、略向外侧弯曲。连索环状。阳茎近基部两侧略膨大，端缘圆弧形，两侧各有1突起，阳茎口位于端部。

分布：甘肃。

寄主：不详。

图4-68 对突光叶蝉 *Futasujinus candidus*

67.乌叶蝉属*Penthimia* Germar, 1821

（82）栗斑乌叶蝉*Penthimia rubramaculata* Kuoh, 1992

头冠、前胸背板及小盾片黑色，前翅基部黑色，端部深褐色；单眼琥珀色，复眼银灰色，其上具有大的黑褐色斑块，内侧缘有一黄褐色边；前胸背板后缘及侧后缘具一黄褐色窄边；小盾片侧缘中部及末端各有一不太明显的黄白色小点；前翅上散布有较为密集的浅黄褐色斑点，翅脉深褐色，具5个端室，端室中具有大的深褐色斑块。头冠前缘加厚，单眼连线到后唇基有多条明显的横皱纹，单眼位于头冠上，到复眼与到头冠中央的距离相等；颜面全黑色，后唇基中部隆起，两侧近乎垂直倾斜，前唇基平坦，舌侧板宽大；前胸背板中部较为光滑，两侧边1/3横皱较为明显，后缘中部弧状凹入；小盾片基部具有稀疏细白毛，端部稍隆起，横皱明显，横刻痕位于中下部，弧状；前翅端片宽大。雌虫与雄虫外部形态特征基本相同，唯有前胸背板黄红褐色，后缘加深成栗红色。

分布：四川、河南、甘肃。

寄主：不详。

图4-69 栗斑乌叶蝉 *Penthimia rubramaculata*

（83）短突边大叶蝉 *Kolla procerula* Feng et Zhang, 2015

体连翅长5.4～7mm。雄虫头冠橙黄色，前缘中央有1黑点，但少数个体该点模糊或缺如；前端两侧各有1焰状或月形黑色斑，基半中央有1梯形黑色大斑，该斑前端两侧常与前面的两斑相连；单眼和复眼黑褐色。胸部背面黑色，前胸背板前缘两侧各有1三角形橙黄色斑，但偶有消失；小盾片尖角橙黄色，部分个体端半部侧缘亦橙黄色。前翅灰褐色半透明，翅脉凸出具点刻且为黑褐色至黑色，前缘无明显的透明边。颜面、胸部腹面及各足、腹部腹面橙黄色，各足前跗节黑褐色。雌虫前胸背板两侧橙黄色斑向中央扩大，扩大区域个体间不等，最大的使其前端2/5均为橙黄色；小盾片橙黄色，二基侧角各有1个三角形黑色大斑，中央有2黑褐色小点，该小点常向外侧扩展与基侧角黑斑相连；前翅黑褐色，翅脉黑色凸出并具刻点，前缘透明边宽而明显。

分布：河北、宁夏、甘肃、青海。

寄主：不详。

图4-70　短突边大叶蝉 *Kolla procerula*

68. 边大叶蝉属 *Kolla* Distant, 1908

（84）白边大叶蝉 *Kolla atramentaria* (Motschulsky, 1859)

体长5.5～6.2mm。头冠向前宽圆突出，中长近为复眼间宽1/2，前缘和复眼外缘轻度波曲，冠面略隆起，但于单眼内缘处凹洼。颜面额唇基隆起部平坦，两侧具横印痕列。前胸背板微隆起，前缘弧圆突出，后缘微凹，前侧域稍凹洼，密生细横皱纹。小盾片中域横凹，端部隆起。头部淡橙黄色，头冠部具4个黑斑，其中顶端和单眼前方的斑纹较圆，单眼之间的斑纹较大且不规则；额唇基端部中央有1黑色小斑点。复眼黑褐色，单眼淡黄色。前胸背板前半部橙黄色，后半部黑色。小盾片橙黄色，两基角处各有1黑斑。前翅黑褐色，前缘域淡黄白色。胸部腹面及足淡黄色无斑纹；腹部背面浅褐色，腹面淡黄白色也无斑纹。

分布：黑龙江、吉林、辽宁、内蒙古、北京、四川、江苏、浙江、福建、广东、台湾、甘肃。

寄主：水稻、草地、茶树、麦类、甘蔗、棉花、桑、葡萄、柑橘、土当归、栎、槲、蔷薇、紫藤、楮。

图4-71　白边大叶蝉 *Kolla atramentaria*

69.大叶蝉属 *Cicadella* Latreille, 1815

（85）大青叶蝉 *Cicadella viridis* Linnaeus, 1758

体青绿色，但头冠黄绿色，前部两侧有淡褐色弯曲的肌肉横印痕，此横印痕延伸至额唇基两侧，近后缘处有1对多边形黑斑；颜面淡褐色，颊缝末端具1黑点，触角窝上方有1黑斑。前胸背板前半部淡黄褐色，后半部深青绿色。小盾片淡黄绿色，横刻痕平直不及侧缘；前翅青绿色，前缘区淡白色，端部近无色透明，翅脉青黄色，具有狭窄的淡黑色边缘。后翅烟黑色半透明。腹部背面蓝黑色，两侧及末节色淡为橙黄色带有烟黑色；胸、腹部腹面及足橙黄，足爪及胫刺基部黑色。

分布：黑龙江、吉林、辽宁、内蒙古、河北、河南、山东、江苏、浙江、安徽、江西、台湾、福建、湖北、湖南、广东、海南、贵州、四川、陕西、甘肃、宁夏、青海、新疆等。

寄主：杨、柳、白蜡、刺槐、苹果、桃、梨、桧柏、梧桐、扁柏、粟（谷子）、玉米、水稻、大豆、马铃薯等。

图4-72　大青叶蝉 *Cicadella viridis*

第五章
鞘翅目
Coleoptera

（二十七）步甲科Carabidae

70.暗步甲属*Amara* Bonelli, 1810

（86）巨暗步甲 *Amara gigantea* (Motschulsky, 1844)

成虫体长22～24mm，宽7.5～8mm。全体黑色，有光泽。头前半部有细刻点，后半部光滑。额凹短浅。复眼小，稍突出。上唇横方，宽约为长的2倍。上颚短粗，末端细尖，弯曲成沟状。下颚须、下唇须褐色。触角第1～3节光洁，黑褐色，端部有1根黄褐色细长毛，第4～11节密布黄褐色短毛。前胸背板宽大于长，前缘内凹呈弧形，两侧缘前端膨出，基部明显收狭；前、后部刻点细密，中部稀疏；中纵沟细浅；侧基凹刻点粗密。每鞘翅具9条较明显的纵沟，沟间布不规则粗、细刻点，鞘翅稍宽于前胸。胸、腹部腹面密布刻点。

分布：甘肃、山东。

食物：鳞翅目幼虫。

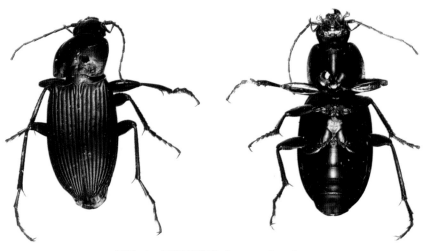

图5-1　巨胸暗步甲 *Amara gigantea*

71.捷步甲属 *Elaphrus* Fabricius, 1775

（87）眼纹捷步甲 *Elaphrus comatus* Goulet, 1983

体长6.5～7.5mm。体青铜色并带绿色光泽，全身密布刻点。头横宽于前胸，复眼发达，外突，触角短，念珠状。前胸背板长大于宽，前缘弧凸，前角钝，侧缘弧凸，后角前内凹，后角外突呈锐角状，后缘平直，中纵沟明显。鞘翅显宽于前胸背板，最宽处于中点稍后，两翅端会合成弧圆。每鞘翅具大眼纹斑4列。

分布：辽宁、黑龙江、甘肃；日本。

寄主：不详。

图5-2　眼纹捷步甲 *Elaphrus comatus*

（88）斑点捷步甲 *Elaphrus punctatus* Motschulsky, 1844

体长6～6.5mm。紫铜色带金属光泽。头宽于前胸背板，复眼发达外突，前胸背板前、后缘具横沟，侧缘外突，近前、后角内凹，前、后角成直角，中纵沟粗显。鞘翅长卵形，最宽位于中点处，盘区光滑如镜状，上有眼点纹。

分布：辽宁、吉林、甘肃、黑龙江；日本、俄罗斯。

寄主：不详。

图5-3　斑点捷步甲 *Elaphrus punctatus*

72. 青步甲属 *Chlaenius* Bonelli, 1810

（89）双斑青步甲 *Chlaenius bioculatus* Chaudoir, 1856

头部金属绿色或铜色，触角第一节黄色，其余黑色。前胸金属绿色或铜色，足腿节黄色，其余各节黑色，翅黑色，近端部1/3处有一对黄色斑，覆盖第4～8行距。前胸背板盘区较光洁。

分布：东北、华北、华东、中南等地。

食物：麦蛾科、卷叶蛾科、螟蛾科、灯蛾科及夜蛾科等鳞翅目幼虫。

图5-4　双斑青步甲 *Chlaenius bioculatus*

73. 长唇步甲属 *Dolichoctis* Schmidt-Gobel, 1846

（90）四斑长唇步甲 *Dolichoctis tetraspilotus* (Macleay, 1825)

体长约4.5mm，鞘翅上有2对近圆形的黄色斑。

分布：福建、云南、甘肃等。

食物：不详。

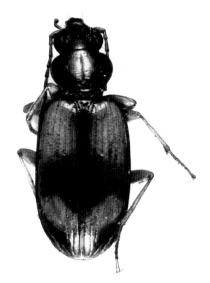

图5-5　四斑长唇步甲 *Dolichoctis tetraspilotus*

74. 婪步甲属 *Harpalus* Latreille, 1802

（91）中华婪步甲 *Harpalus (Pseudoophnus) sinicus* Hope, 1845

体长11.5～15.5mm，宽4.5～6mm，体黑色有光泽，口须、触角和足黄褐色，体腹面黑色或局部褐色、红色。头部背面光滑，额凹短而深，触角丝状、11节，伸达前胸后缘。前胸背板近方形，宽稍大于长，前缘微凹，后缘平直，侧缘弧凸，中部最宽，前角钝圆，后角近直角，盘区微隆起，中纵线细，基凹浅，基区刻点粗密，中区光滑或具横皱纹前侧区刻点稀浅。每鞘翅有9条纵沟，沟间稍隆起，无明显刻点。前足胫节端部外侧有刺4～5根，端距侧缘突出呈齿状。雄虫前、中足跗节基部4节膨大。

分布：贵州、黑龙江、吉林、辽宁、河北、江苏、安徽、山东、浙江、江西、湖北、湖南、四川、云南、广西、甘肃等。

食物：成虫捕食飞虱、蚜虫及红蜘蛛等。

图5-6 中华婪步甲 *Harpalus (Pseudoophnus) sinicus*

75. 蝎步甲属 *Dolichus*

（92）蝎步甲 *Dolichus halensis* (Schaller, 1783)

体长约18mm，黑色光亮。触角、唇须、颚须、前胸背板、小盾片、足为黄色或红褐色。头黑色，复眼突出、复眼间有红褐色横斑。触角第4节起被绒毛。鞘翅狭长，末端窄缩。每鞘翅有9行刻点沟，两鞘翅中央有1红褐色斑。前胸背板近似方形。边缘黄色或红褐色，具密刻点。腹面黄褐色。雄虫体较雌虫小，腹部有毛垫，前跗节基部3节膨大。

分布：内蒙古、黑龙江、辽宁、河北、江苏、安徽、福建、河南、湖北、江西、广西、贵州、四川、山西、陕西、甘肃、新疆。

食物：不详。

图5-7 蝎步甲 *Dolichus halensis*

（二十八）虎甲科Cicindelidae

76.虎甲属*Cicindela* Linnaeus, 1758

（93）星斑虎甲*Cicindela kaleca* Bates, 1866

成虫体长8.5～9.5mm，宽2.8～3.5mm。体及足墨绿色；头、胸部具铜色光泽；颊部具青绿色光泽；口须末节及触角基部4节为金属绿色，并具铜色光泽；鞘翅斑纹黄白色，体下胸部具金绿色光泽，腹部具紫蓝色金属光泽。额部复眼间平坦，具纵皱纹，顶部具横皱纹；触角自第5节后密被灰色微毛，前胸背板长宽约相等，表面密具横皱纹。翅端具小尖翅，翅面散布青蓝色的刻点。每鞘翅有4个黄白色纹，肩斑、中部前斑小；后斑延伸呈短条状，其前端向内方延伸，形似倒钩状。

分布：陕西、甘肃、台湾；泰国、东亚广布。

食物：多种昆虫。

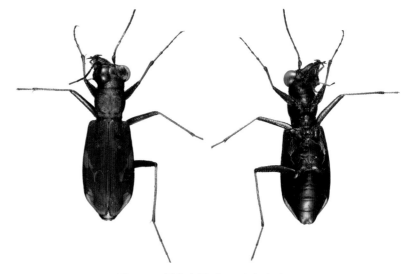

图5-8　星斑虎甲 *Cicindela kaleca*

（94）斜斑虎甲*Cicindela germanica* Linnaeus, 1758

体长约11mm，宽约3mm，体长形，稍瘦。体墨绿色，具光泽。头部颊区无毛。上唇浅黄色，近前缘有6～8根长毛，唇基黑色无毛。触角柄节端部有1根鬃毛。鞘翅具乳白色斑，每翅有1个自外侧斜向内侧的细斜斑，端部有1条弧形斑，中部前面有1个小圆形斑点。前胸背板两侧密被白毛，后胸侧片被密毛。

分布：辽宁、华北、河南、山东、江苏、浙江、甘肃、青海、新疆；俄罗斯。

食物：小型昆虫和小动物。

图5-9　斜斑虎甲 *Cicindela germanica*

（95）萨哈林虎甲 *Cicindela sachalinensis* Morawitz, 1862

体长14～16mm，铜绿色，头顶凹陷，具粗皱纹。触角基部4节光滑，有铜绿色闪光，5节以后黑色，密被短毛。上唇较大，呈盾形向前突出，前缘褐色，中央有一短齿，前胸背板梯形，宽略大于长，前宽后窄，多皱纹。鞘翅铜绿色或紫铜色，满布大小颗粒和蓝绿色刻点。3对斑纹金黄色，鞘翅肩部及肩胛下方各有两对较小的圆形斑纹，靠近翅端的1对斑纹较大，形状不规则，中央的1对斑纹最大，略呈"山"字形。翅端外缘锯齿不明显，缝角的刺甚短。中胸侧板无毛，具粗糙刻纹，前胸侧板及腹部的白色长毛较少。

分布：吉林、青海、甘肃；日本、朝鲜、俄罗斯。

食物：蝗虫等小昆虫。

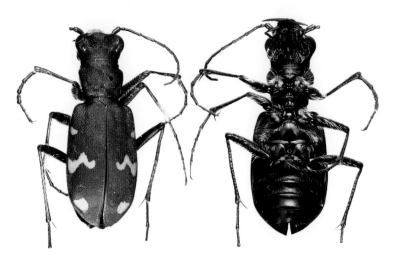

图5-10 萨哈林虎甲 *Cicindela sachalinensis*

77. 圆虎甲属 *Cylindera* Westwood, 1831

（96）绒斑虎甲 *Cylindera delavayi* (Fairmaire, 1886)

体长7～10mm；体色较多变，深褐色至红铜色具光泽，部分个体多少带绿色光泽或体色全绿。每鞘翅中部及近端部2个区域颜色较暗，形成2个模糊斑，斑纹向内后方倾斜，但不到达翅缝。鞘翅侧缘在近端部各具2个很小的白点，有时白点消失。鞘翅肩部较狭，后翅不发达。

分布：浙江、福建、广东、湖北、江西、四川、云南、甘肃；印度、缅甸、泰国、老挝、越南。

食物：不详。

图5-11 绒斑虎甲
Cylindera delavayi

（二十九）金龟科Geotrupidae

78.粪金龟属*Scarabaeus* Linnaeus, 1758

（97）大蜣螂*Scarabaeus sacer* Linnaeus, 1758

体长10～30mm。体型大而扁，偶尔为中小型；宽椭圆形，黑色或黑褐色。唇基前缘明显齿状，具6齿，颊部发达，前端尖齿状。前胸背板具细密刻点。前足胫节外缘明显具4个齿，前足胫节内缘具2锐齿，后足胫节弯曲。

分布：黑龙江、吉林、辽宁、内蒙古、河北、北京、天津、河南、湖北、新疆、甘肃；印度及中亚、欧洲、北非等。

寄主：动物粪便。

图5-12 大蜣螂 *Scarabaeus sacer*

（三十）叶甲科Chrysomelidae

79.圆叶甲属*Plagiodera* Chevrolat, 1837

（98）柳圆叶甲*Plagiodera versicolora* (Laicharting, 1781)

成虫体长3～5mm，卵圆形，背面相当拱凸，深蓝色，有金属光泽，有时带绿光。本种体色变异很大，除上述外，还有完全棕黄色，仅触角端部烟褐色；或鞘翅铜绿色，其余均棕红色，鞘翅周缘与头、胸、腹面均为棕红色，仅鞘翅盘区金属色等类型。触角1～6节较细，褐色，7～11节较粗，深褐色。前胸前缘明显凹进。小盾片黑色，光滑。鞘翅肩瘤显突，瘤后外侧有一清楚的纵凹。体腹面黑色。

分布：黑龙江、吉林、辽宁、内蒙古、甘肃、宁夏、河北、山西、陕西、山东、江苏、河南、湖北、安徽、浙江、贵州、四川、云南。

寄主：垂柳、旱柳、夹竹桃、泡桐、葡萄、杞柳、杨、榛和乌桕等叶片。

图5-13 柳圆叶甲 *Plagiodera versicolora*

80.隐头叶甲属 Cryptocephalus Geoffrey, 1762

（99）柳隐头叶甲 Cryptocephalus hieracii Weise, 1889

本种与绿蓝隐头叶甲十分近似。不同处在于本种：体背金属蓝色，很少绿色或铜色。颊上有1个小黄斑，额唇基上常有1个黄斑；鞘翅刻点浅弱，横皱纹不显。

分布：辽宁、吉林、黑龙江、河北、甘肃、内蒙古。

寄主：柳树。

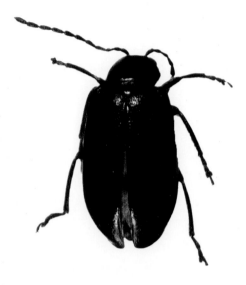

图5-14　柳隐头叶甲 Cryptocephalus hieracii

81.叶甲属 Chrysomela Linnaeus, 1758

（100）柳二十斑叶甲 Chrysomela vigintipunctata (Scopoli, 1763)

体长7～9.5mm，宽4～4.8mm，体长卵形。头、前胸背板中部青铜色光亮；前胸背板两侧棕红色；鞘翅棕红色，每翅有10个青铜色斑，沿中缝呈一狭条青铜色；触角端部黑色，基部棕黄色；足腿节端半部、胫节基部和跗节青铜色至棕黑色，余为棕黄色。头顶略凹，中央具纵沟纹；表面刻点细密。触角短，伸达前胸背板基部，端末5节粗。前胸背板前角突出，前缘深凹；两侧高降，其内侧纵凹深，凹内刻点粗密；盘区黑斑内刻点细密，中央具1条光裸纵脊纹。小盾片光洁，半圆形。鞘翅狭长，有时具3条模糊的纵行脊纹，表面刻点粗密。各足胫节外侧面平，不呈沟槽状。

分布：辽宁、吉林、河北、山西、陕西、安徽、湖北、湖南、福建、四川、云南、甘肃；欧洲。

寄主：柳属。

图5-15　柳二十斑叶甲 Chrysomela vigintipunctata

82. 毛萤叶甲属 *Pyrrhalta* Joannis, 1866

（101）榆黄毛萤叶甲 *Pyrrhalta maculicollis* (Motschulsky, 1853)

体长6.5～7.5mm，宽3～4mm，近长方形，棕黄色至深棕色，头顶中央具1桃形黑色斑纹。触角大部、头顶斑点、前胸背板3条纵斑纹、中间的条纹、小盾片、肩部、后胸腹板以及腹节两侧均呈黑褐色或黑色。触角短，不及体长之半。鞘翅上具密刻点。卵长约1mm，长圆锥形，顶端钝圆。末龄幼虫体长9mm，黄色，周身具黑色毛瘤。足黑色。蛹长约7mm，乳黄色，椭圆形，背面生黑刺毛。

分布：全国分布。

寄主：榔榆、白榆、垂榆、裂叶榆、合果榆、黄榆、长枝榆、金叶榆、圆冠榆等。

图5-16 榆黄毛萤叶甲 *Pyrrhalta maculicollis*

83. 金叶甲属 *Chrysolina* Motschulsky, 1758

（102）沙蒿金叶甲 *Chrysolina aeruginosa* (Faldermann)

背面通常青铜色或蓝色，有时紫蓝色。腹面蓝色或紫色，触角第1、2节端部和腹面棕黄色，头部刻点较稀，额唇基较密。前胸背板横宽，表面刻点很深密，粗刻点间有极细刻点。鞘翅刻点较前胸背板的更粗、更深，排列一般不规则，有时略呈纵行趋势，粗刻点间有细刻点。

分布：黑龙江、吉林、辽宁、新疆、甘肃、北京、河北、山东、陕西、河南、安徽、浙江、湖北、湖南、福建、台湾、广西、四川、贵州、云南、甘肃；俄罗斯（西伯利亚），朝鲜，日本，越南，缅甸。

食物：专食蒿属植物。

图5-17 沙蒿金叶甲 *Chrysolina aeruginosa*

84. 守瓜属 *Aulacophora* Chevrolat, 1837

（103）黑足黑守瓜 *Aulacophora nigripennis* Motschulsky, 1857

体长6～7mm，体宽3～4mm，体光亮。头、前胸及腹部橙黄色或橙红色，上唇，鞘翅，中、后胸腹板，侧板以及各足均黑色，小盾片栗黑色，前胸背板盘区具一直行横沟，几无刻点，雄虫腹部末端中叶长方形，雌虫腹部末端呈弧形凹缺。

分布：黑龙江、河北、山西、陕西、山东、江苏、浙江、江西、福建、台湾、四川、甘肃；日本、越南。

寄主：葫芦科。

图5-18　黑足黑守瓜 *Aulacophora nigripennis*

85. 潜跳甲属 *Podagricomela* Heikertinger, 1924

（104）花椒潜跳甲 *Podagricomela shirahatai* (Chujo, 1957)

体长3.5～5mm，长椭圆形，略扁，头黑色，触角漆黑色，为体长的1/2。前胸橘黄色，宽约为长的2倍多，具一对称的弧形黑带。鞘翅橘黄色，具数条纵刻沟。足黑色。

分布：陕西、甘肃、四川、山西。

寄主：花椒。

图5-19　花椒潜跳甲 *Podagricomela shirahatai*

86.臀萤叶甲属*Agelastica* Chevrolat, 1837

（105）蓝毛臀萤叶甲*Agelastica alni* Baly, 1878

体椭圆形，蓝黑色具紫光泽。雄虫体长7～7.5mm，雌虫体长7.5～8mm。头部及前胸背板黑色，头部宽大于长，触角黑色，2～4节较细小。卵椭圆形，长2～2.3mm，宽0.7～0.8mm，初产时为淡黄色，后变为橙黄色，近解化时呈灰黄色，顶端变黑。老熟幼虫体长11～12mm。体较扁平，灰黑色，头黑褐色，胸足黑色。体两侧各具两行黑色乳头状突起，其上密生长短不等的毛，尾部黑色，腹部腹面灰黑色。蛹长椭圆形，体长6～7mm，橙黄色。

分布：北京、新疆、甘肃；俄罗斯、北美。

寄主：柳、杨、榆、苹果、文冠果和巴旦杏等。

图5-20　蓝毛臀萤叶甲*Agelastica alni*

87.榆叶甲属*Ambrostoma* Motschulsky, 1860

（106）紫榆叶甲*Ambrostoma quadriimpressum* (Motschulsky, 1845)

成虫体近椭圆形，鞘翅背面呈弧形隆起；前胸背板及鞘翅上有紫红色与金绿色相间的色泽。腹面紫色有金绿色光泽。头及足深紫色，有蓝绿色光泽。触角细长，棕褐色。上颚钳状。前胸背板两侧扁凹，具粗而深的刻点；鞘翅上密被刻点，后翅鲜红色。成虫体色尚有紫褐色、蓝绿色、深蓝色、铜绿色。

分布：宁夏、内蒙古、辽宁、吉林、黑龙江、河北、甘肃；俄罗斯。

寄主：白榆。

图5-21　紫榆叶甲 *Ambrostoma quadriimpressum*

（三十一）天牛科Cerambycidae

88. 多节天牛属Agapanthia Audinet-Servelle, 1835

（107）大麻多节天牛Agapanthia daurica Ganglbaur, 1884

体长11～18mm。黑色或金属铅色。前胸背板有3条淡黄色或金黄色绒毛纵纹，位于中央及两侧各一条，其余部分有稀少短黄毛。小盾片密布淡黄色或金黄色绒毛。鞘翅散生淡黄色、灰黄色或淡灰色绒毛，各外绒毛稠、稀分布不一致形成不规则细绒毛花纹。雌、雄虫触角均长于身体，雌虫触角稍短。

分布：黑龙江、吉林、辽宁、内蒙古、甘肃。

寄主：大麻、山杨。

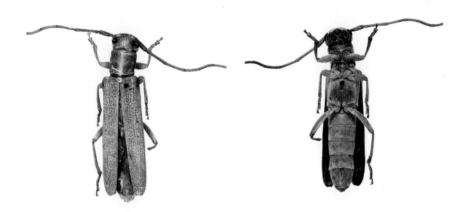

图5-22　大麻多节天牛 Agapanthia daurica

89. 纹虎天牛属Anaglyptus Mulsant, 1839

（108）隆胸纹虎天牛Anaglyptus producticollis Gressitt, 1935

体长7.5～8.5mm。黑色、黄褐色至漆黑色；鞘翅基部1/3处有1淡赭色向外弯曲的斜带，中部有1六角形大斑，端部1/5被银灰色绒毛。

分布：福建、台湾、甘肃。

寄主：松树类。

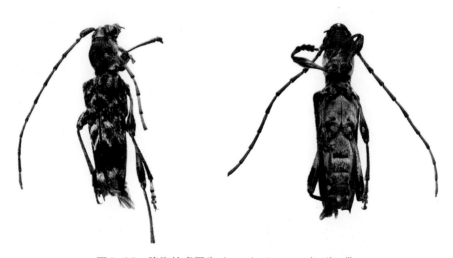

图5-23　隆胸纹虎天牛 Anaglyptus producticollis

90.厚花天牛属*Pachyta* Dejuan, 1821

（109）四斑厚花天牛*Pachyta quadrimaculata* (Linnaeus, 1758)

体长15~20mm，体宽6~8mm。体中大型，黑色，鞘翅黄褐色，每翅中部前后方各有1个近方形的大黑斑，常多变异，前方黑斑有的可呈小圆斑，甚至完全消失；后方黑斑有时也可以呈小圆斑，而前方黑斑则较大。

分布：陕西、新疆、甘肃。

寄主：松树。

图5-24 四斑厚花天牛 *Pachyta quadrimaculata*

91.小筒天牛属*Phytoecia* Dejean, 1835

（110）三条小筒天牛*Phytoecia sibirica* (Gebler, 1842)

分布：黑龙江、北京、甘肃。

寄主：松树。

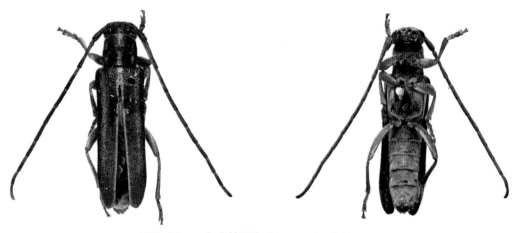

图5-25 三条小筒天牛 *Phytoecia sibirica*

92.修瘦天牛属*Noemia* Pascoe,1857

（111）台湾修瘦天牛*Noemia incompta* Gressitt, 1935

体长11.25mm，体宽1.8mm。体极窄，两侧平行，暗棕灰色，近黑色，足基部灰白色。全身覆有稀疏的中等长度的半直立毛；触角内侧有1行不明显的细长毛。头前伸，前部至触角基瘤缢缩；下颚须大，末节梭形；额宽；复眼肾形，中等大小。头顶中部微凹，头顶和后头布细微刻点；头腹面红棕色，无毛。触角丝状，柄节长，基部1/3窄而弯，其余部分膨大呈梭形。第2节短而宽，其余各节在长度和粗细上均无明显变化；第3～5节每节顶端微粗，触角覆有少许极短的毛，内侧有1排长毛或缺。前胸长为基部宽的2倍，端部较基部略窄，近基部和端部缢缩，两侧各有1宽钝瘤突；表面布浓密的极小刻点和较大的散乱的浅刻点。小盾片小，长等于宽，末端圆。鞘翅长而窄，两侧近平行，近末端微变窄，翅面布有浓密深刻点，排成不规则的10纵行，每纵行之间有不明显的纵脊相隔开；端缘窄而圆。体腹面散布刻点，胸节腹板和基节琥珀色，前3腹节近等，长度渐短，第4腹节稍短于第5腹节，也稍短于第3腹节。足短，近黑色，腿节基部砖红色；覆有不规则淡色长毛，腿节具柄，梭状，前足腿节膨大胫节略直；跗节极短，前足和中足第1跗节短于后两节之和，后足第1跗节之和等于后2节之和，最后1节短。

分布：台湾、甘肃。

寄主：芒果属、龙脑香属、冷杉属、松属、云杉属和橄榄等。

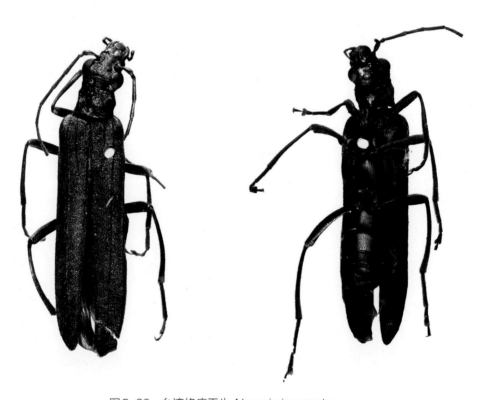

图5-26 台湾修瘦天牛 *Noemia incompta*

（三十二）花蚤科 Mordellidae

93. 星花蚤属 *Hoshihananomia* Kôno, 1935

（112）吉良星花蚤 *Hoshihananomia kirai* Nakane & Nomura, 1950

成虫体长8～10mm。头部三角状，后缘具细颈，体背黑色，前胸背板后缘有1条白色波浪状斑纹，前缘具2条白色波纹，鞘翅具6个白斑，中间2个间距较近，白色斑纹均由鳞毛形成。腹部末端露出鞘翅，且十分延长，呈针状。

分布：台湾、甘肃。

寄主：不详。

图5-27 吉良星花蚤 *Hoshihananomia kirai*

（三十三）郭公甲科 Cleridae

94. 毛郭公甲属 *Trichodes* Herbst, 1792

（113）中华毛郭公甲 *Trichodes sinae* Chevrolat, 1874

成虫体长11～14mm，宽4～5mm。头部宽短，蓝黑色具光泽，刻点细密，被灰黑色长毛；复眼黑褐色；触角较短，11节，基部褐色，端部黑褐色，端3节膨大呈棒状，末节桃形，尖端向内侧弯曲。前胸背板前宽后窄，前缘与头的后缘等宽，后缘缢缩似颈，窄于鞘基；刻点细密，绒毛密长。小盾片黑色半圆形。鞘翅狭长，基色蓝黑色，有3条横贯全翅的红色宽带，亦有红黄色及黄色的；翅面刻点粗大，覆灰黄色密粗绒毛。腹面蓝黑色有光泽。足蓝黑色，具长绒毛；跗节4节。

分布：甘肃、青海、宁夏、陕西、内蒙古、四川、山西、河北、山东等。

寄主：枸杞、锦鸡儿、梨、枣、马蔺、白刺、紫菀等。

图5-28 中华毛郭公甲 *Trichodes sinae*

（三十四）拟步甲科Tenebrionidae

95. 栉甲属*Cteniopinus* Seidlitz, 1896

（114）杂色栉甲*Cteniopinus hypocrita* (Marseul, 1876)

体长11～13mm，宽3.5～4.5mm。体型宽扁，整体亮金黄色，腿节端部及胫节、跗节、下颚须、触角为黑色。头部相对较短，密布刻点，上唇近方形，前缘具1凹，侧缘及前缘具稀疏黑色长毛，上唇盘曲刻点大，唇基沟深。上被黑色伏毛。额部刻点较上唇小、密。下颚须黑色3节，第3节膨大端部内斜切。触角11节，第2节最短，长度为其余各节的1/3左右。前胸背板钟形，密布黄色短毛及刻点。前缘平直，后缘具2弯，侧缘由基部向前缘渐窄，前后缘具饰边，侧缘饰边仅存于基部。盘区微隆，前胸背板最长处与基缘的比值为5/7。鞘翅长，密布短毛，亮黄绿色。长宽比约为2：1。鞘翅最大宽度与前胸背板基缘比值为1.5：1。刻点行整齐，小盾片近舌状。足腿节端部、胫节为黄色，其余各部分为黑色，爪有齿，长度比约为2：1：1：1。腹部第5节腹板具有舌状凹陷，肛节端部距凹，具长毛。

分布：东北、北京、河北、河南、陕西、宁夏、甘肃、上海、江西、湖南、福建、广东、广西、四川、西藏、甘肃；韩国、日本。

寄主：枸杞等。

图5-29　杂色栉甲 *Cteniopinus hypocrita*

（三十五）象甲科Curculionidae

96. 筒喙象甲属*Lixus* Fabricius, 1801

（115）圆筒筒喙象*Lixus antennatus* Motschulsky, 1853

体长7～13.5mm。体细长，触角着生于喙中部以前，索节淡红色，索节第3、4节等长。通常无眼叶，具眼后纤毛。鞘翅前端的行纹极明显，向端部渐变很细，行间2、3基部不突出，但较宽，并散布较粗刻点。索节淡红色至黑色，索节3、4等长。触角无论雌雄都着生于喙中部以前；眼叶通常不存在，眼后的纤毛却经常存在。

分布：黑龙江、吉林、辽宁、北京、河北、山西、陕西、浙江、湖北、江西、湖南、福建、广西、四川、甘肃。

寄主：各类草本植物上。

图5-30　圆筒筒喙象 *Lixus antennatus*

97.蓝绿象属*Hypomeces* Schoenherr, 1823

（116）蓝绿象*Hypomeces squamosus* (Fabricius, 1792)

体长15～18mm，体黑色，表面密被闪光的粉绿色鳞毛，少数灰色至灰黄色，表面常附有橙黄色粉末而呈黄绿色，有些个体密被灰色或褐色鳞片。头管背面扁平，具纵沟5条。触角短粗。复眼明显突出。前胸宽大于长，背面具宽而深的中沟及不规则刻痕。鞘翅上各具10行刻点。雌虫胸部盾板绒毛少，较光滑，鞘翅肩角宽于胸部背板后缘，腹部较大；雄虫胸部盾板茸毛多，鞘翅肩角与胸部盾板后缘等宽，腹部较小。卵长约1mm，卵形，浅黄白色，孵化前暗黑色幼虫。末龄幼虫体长15～17mm，体肥大，多皱褶，无足，乳白色至黄白色蛹。裸蛹长14mm左右，黄白色。

分布：全国分布；柬埔寨，泰国，缅甸，马来半岛，印度次大陆，印度尼西亚，菲律宾。

寄主：果树、林木及农作物。

图5-31 蓝绿象 *Hypomeces squamosus*

98.飞象属*Scythropus* Schoenherr, 1826

（117）枣飞象*Scythropus yasumatsui* Kono & Morimoto, 1960

体长4.3～5.5mm，雄成虫深灰色。雌成虫土黄色。头小，吻短粗。触角棒状，12节，着生在复眼前方。复眼圆形，黑色。小盾片三角形。鞘翅近长方形，末端稍尖，表面有纵刻点。

分布：陕西、山西、河北、山东、河南、甘肃。

寄主：枣树。

图5-32 枣飞象 *Scythropus yasumatsui*

99. 象虫属 *Curculio* Linnaeus, 1758

（118）栗实象 *Curculio davidi* Fairmaire, 1878

体长 5～9mm，黑色，喙长 7～11mm，前胸背板后缘两侧各有 1 个白色半圆形斑纹，与鞘翅后缘角的白斑相连，鞘翅上有 10 条由刻点组成的纵沟。幼虫体长 8～12mm，头黄褐色，胸、腹部乳白色。

分布：山东、河南、陕西、甘肃、江苏、浙江、江西、福建、广东。

寄主：板栗、油栗和茅栗。

图 5-33　栗实象 *Curculio elavidi*

（119）油茶象 *Curculio chinensis* (Chevrolat, 1878)

体长 6～11mm，黑色或黑褐色，具金属光泽，全身疏生白色鳞片。喙细长，略向内弯曲。雌虫喙长 9～11mm，雄虫喙长 6～8mm。雌虫触角着生于喙端部的 1/3 处，雄虫触角则在喙的 1/2 处。鞘翅具纵刻点沟和由白色鳞片排成的白斑或横带；中胸两侧的白斑较明显；小盾片上有圆点状的白色绒毛丛；各腿节末端有一短刺。卵长约 1mm，宽约 0.5mm，长椭圆形，一头稍尖，白色，光滑透明。幼虫体长 10～20mm。初孵化幼虫乳白色，老熟幼虫淡黄色，头赤褐色，背部及两侧疏生黑色短刚毛。蛹体长 9～12mm，乳白色，后期变为赤褐色。复眼黑色；顶蛹喙及足半透明，以后变为红褐色。

分布：云南、四川、贵州、广西、湖南、江西、福建、广东、浙江、江苏、湖北、甘肃。

寄主：油茶、茶树和山茶科山茶属。

图 5-34　油茶象 *Curculio chinensis*

100.灰象甲属 *Sympiezomias* Faust, 1887

（120）大灰象甲 *Sympiezomias velatus* Chevrolat, 1845

体长7.3～12.1mm，宽3.2～5.2mm。雄虫宽卵形；雌虫椭圆形。体黑色，密覆灰白色具金黄色光泽的鳞片和褐色鳞片。褐色鳞片在前胸中间和两侧形成3条纵纹，在鞘翅基部中间形成长方形（近环状）斑纹。鞘翅卵圆形，末端尖锐，中间有1条白色横带，横带前后、两侧散布褐色云斑，鞘翅各具10条刻点列。小盾片半圆形，中央具1条纵沟。

分布：辽宁、内蒙古、北京、河北、河南、山西、陕西、湖北、安徽、甘肃。

寄主：苹果、梨、桃、杨、榆、云杉、柽柳等。

图5-35 大灰象 *Sympiezomias velatus*

101.长喙小象属 *Apion* Herbst, 1797

（121）小黑象 *Apion collare* Schilsky

体长2～3.5mm，体宽0.6～1.3mm，头管长1.5～2mm。触角着生于近基部的1/3处，鞘翅长1～15mm。身体乌黑色，有古铜色光泽，前胸两侧具有白色绒毛。头管圆柱形。口器咀嚼式，生于头管端顶；触角棒状，11节，柄节细长，端部三节膨大；复眼黑色，着生于头管基部的膨大处的两侧；各个足的腿节较大，其末端有一短刺，跗式为拟4节，跗垫呈白色。

分布：广东、广西、云南、江西、四川、贵州、浙江、甘肃。

寄主：桉树等。

图5-36 小黑象 *Apion collar*

102.绿卷叶象属 *Byctiscus* Thomson, 1859

（122）山杨卷叶象 *Byctiscus omissus* Voss, 1920

成虫体椭圆形，长6～8mm，头向前方延长成象鼻状，体蓝色或绿色，略带紫色金属光泽，触角黑色，鞘翅上有成排的刻点。

分布：甘肃、内蒙古、东北地区。

寄主：杨树、桦、榛、椴、榆、苹果、梨和山楂。

图5-37　山杨卷叶象 *Byctiscus omissus*

103.瘤象属 *Dermatoxenus* Marahall, 1916

（123）淡灰瘤象 *Dermatoxenus caesicollis* (Gyllenhyl, 1833)

体长14mm；体卵形，黑色，密被淡灰色鳞片，散布倒状鳞片状毛；鞘翅基部略宽于前胸基部，向后逐渐放宽，翅坡最宽，翅坡以后突然缩窄，基部中间黑，和前胸基部的黑斑连成一个三角形黑斑。

分布：浙江、湖南、江苏、安徽、江西、福建、台湾、广西、重庆、四川、甘肃。

寄主：相思树。

图5-38　淡灰瘤象 *Dermatoxenus caesicollis*

104. 毛足象属 *Phacephorus* Schoenherr, 1840

（124）甜菜毛足象 *Phacephorus umbratus* Faldermann, 1835

体长7～7.5mm。体细长而扁，黑褐色，被覆不发光的灰色、褐色鳞片，散布闪光的银灰或黑褐色毛。喙短宽，中沟短，宽而深。触角红褐色，柄节弯，长达前胸前缘；棒节细长而尖。额宽而扁平，眼突出。前胸长宽相等，中间之前最宽，背面散布颗粒。小盾片近于白色。鞘翅背面扁平，两侧平行，后端逐渐缩窄，行纹细而明显，行间扁平，鞘翅奇数行间散布较多斑点，斑点密布黑褐色毛，行间端部形成翅瘤，鞘翅端部钝圆，末端缩成锐突。

分布：内蒙古、新疆、青海、宁夏、北京、河北、山西、甘肃。

寄主：甜菜。

图5-39　甜菜毛足象
Phacephorus umbratus

（三十六）吉丁甲科 Buprestidae

105. 窄吉丁属 *Agrilus* Curtis, 1825

（125）中华窄吉丁 *Agrilus sinensis* Thomson, 1879

体长7.5～14mm。头顶及前胸背板中央部位紫红色，头部及前胸背板两侧铜紫色，鞘翅黑褐色。头短，正中纵向深凹，头顶横向宽凹，整个头部密布不规则的刻孔及粗颗粒状突起，另具少许灰色绒毛。前胸背板宽约为长的1.5倍，前缘双弧状，中叶阔突，明显高于前角，两侧缘圆弧状，中间最宽，基角顶端较钝，后缘两侧内凹很深，中叶正中平截状，背板表面整体隆突，正中前后各具1个浅凹窝，前凹窝大，两侧基部宽凹，背板中央部位为断裂性粗横刻纹及粗颗粒状突起，两侧为纵弧状刻纹及不规则颗粒状突起，肩前脊细丝状，甚弱，起自基角内，双弧状向上伸至背板前角处与边缘相连，有时不甚明显。小盾片前半部近梯形，前倾，后半部三角形，表面密布细刻纹。鞘翅长约为宽的3.5倍，两侧自翅肩至后1/3处弧状内凹，然后渐向尾端收窄，翅顶圆弧状中间略尖，布密而尖的顶齿及缘齿，翅缝处叉状分离。翅面均等密布细短的刻纹或颗粒状突起，整个翅面不均等布灰色短绒毛，两侧沿外缘可见不明显纵绒毛带。腹面黑褐色，密布不规则颗粒状突起，另具少许灰色绒毛。

分布：西藏、江苏、四川、江西、甘肃、上海。

寄主：柠檬、柑橘。

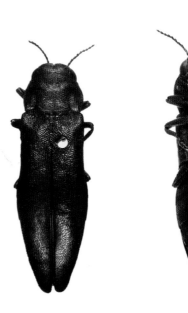

图5-40　中华窄吉丁 *Agrilus sinensis*

（三十七）叩甲科 Elateridae

106. 槽缝叩甲属 *Agrypnus* Eschscholtz, 1829

（126）泥红槽缝叩甲 *Agrypnus argillaceus* (Solsky, 1871)

体长约15mm。身体朱红色或红褐色，前胸背板底色黑色，鞘翅底色红褐色，小盾片底色黑色；触角、足及腹面黑色。全身密被茶色、红褐色或朱红色的鳞片状短毛。额前缘拱出，中部向前略低凹，散布刻点。触角短，不达前胸基部；第2节筒形，长于第3节；第3节最小，球形；第4节以后各节三角形，锯齿状；末节椭圆形，近端部凹缩成假节，顶端钝。前胸背板长不大于宽；中间纵向低凹，后部更明显；两侧拱出，向前渐宽，近前角明显变狭，近后角波状；后角端部狭，平截，明显转向外方，背面有脊或脊不明显。小盾片呈盾状，端部拱出。鞘翅宽于前胸，基部两侧平行，后1/3处变狭，端部联合拱出；表面有明显的粗刻点，排列成行，直至端部，但未形成凹纹。腹面均匀地被有鳞片状毛和刻点，前部刻点更强烈；前胸侧板和后胸侧板无跗节槽；后基片从内向外渐狭。

分布：全国各地。

寄主：华山松、核桃等。

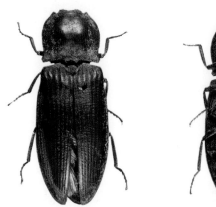

图5-41　泥红槽缝叩甲 *Agrypnus argillaceus*

107. 凹头叩甲属 *Ceropectus* Fleutiaux, 1927

（127）凹头叩甲 *Ceropectus messi* Candèze, 1874

体长28～31mm。长卵圆形，较扁平；体黑色，鞘翅红色至红褐色，体被白色或黄色毛，在前胸或鞘翅上形成不规则毛斑。头中部凹陷，触角雄性12节，长于体长之半，自第3节起强栉状，雌虫触角较短，自第3节起锯齿状；前胸背板向前渐狭，后角向后突出。

分布：福建、广东、甘肃；越南。

寄主：不详。

图5-42　凹头叩甲 *Ceropectus messi*

108. 锥尾叩甲属 *Agriotes* Eschscholtz, 1829

（128）细胸叩甲 *Agriotes fuscicollis* Miwa, 1928

体长8~9mm，体形细长扁平，被黄色细卧毛。头、胸部黑褐色，鞘翅、触角和足红褐色，光亮。触角着生于复眼前缘，被额分形；触角细短，向后不达前胸后缘，第1节最粗长，第2节稍长于第3节。自第4节起呈锯齿状，末节圆锥形。前胸背板长稍大于宽，基部与鞘翅等宽，侧边很窄，中部之前明显向下弯曲，直复眼下缘；后角尖锐，伸向斜后方，顶端多少上翘；表面拱凸，刻点深密。小盾片略仿心脏形，覆毛极密。鞘翅狭长，至端部稍缢尖；每翅具9行纵行深刻点沟。各足跗节1~4节节长渐短，爪单齿式。

分布：黑龙江、内蒙古、新疆、福建、湖南、贵州、广西、云南、甘肃等。

寄主：农作物、果树及蔬菜。

图5-43 细胸叩甲 *Agriotes fuscicollis*

（129）细胸锥尾叩甲 *Agriotes subvittatus* Motschulsky, 1860

体长10mm左右。头、前胸背板、小盾片、腹面暗褐色。鞘翅、触角、足茶褐色。体被黄白毛，有金属光泽。触角弱锯齿状，末节端部收狭呈尖锥状。前胸背板宽大于长，侧缘由中部向前向后呈弧形变狭，后角尖，略分叉，表面有1条锐脊，几乎与侧缘平行。小盾片盾形。鞘翅等宽于前胸背板，两侧平行，中部开始弧形变狭，端部连合。

分布：辽宁、河南、江苏、湖北、福建、甘肃；俄罗斯、日本。

寄主：多种树苗、农作物根部。

图5-44 细胸锥尾叩甲 *Agriotes subvittatus*

109. 线角叩甲属 *Pleonomus* Menetries, 1849

（130）沟线角叩甲 *Pleonomus canaliculatus* (Faldermann, 1835)

雌虫体长14～17mm，宽4～5mm，体形扁平。触角锯齿状，11节，约为前胸的2倍。前胸背板半球形，隆起正中部有较小的纵沟。足茶褐色。雄虫体长14～18mm，宽约3.5mm，体形细长。触角丝状，12节，约为前胸的5倍，可达前翅末端。体浓栗色，密生黄色细毛。

分布：全国分布。

寄主：各种农作物、果树及蔬菜作物。

图5-45　沟线角叩甲 *Pleonomus canaliculatus*

（三十八）葬甲科 Silphidae

110. 亡葬甲属 *Thanatophilus* Leach, 1815

（131）弯葬甲 *Thanatophilus sinuatus* (Linnaeus, 1758)

体长10～13mm。体暗灰色，覆金灰色短细毛。前胸背板宽大于长，后缘宽大波浪形，小盾片前较直，两侧凹入；前、后角均钝圆形；盘区具细刻点并覆金灰色短细毛；中纵脊不显，两侧有瘤突。小盾片钝三角形。每鞘翅具明显纵脊3条，脊间平坦。鞘翅会合部：雄虫截断状；雌虫弧状。

分布：辽宁、甘肃。

寄主：不详。

图5-46　弯葬甲 *Thanatophilus sinuatus*

（三十九）芫菁科 Meloidae

111. 豆芫菁属 *Epicauta* Dejean, 1834

（132）暗头豆芫菁 *Epicauta obscurocephala* Reitter, 1905

体小型，黑色，头黑色，额部中央具长梭形红斑，唇基前缘，上唇端部中央和触角基节侧红色。前胸背板两侧、后缘和中央纵沟两侧，鞘翅侧缘、端缘、中缝和中央纵纹，头和体腹面除后胸和腹部各节中央外，各足除跗节末端节外密被白短毛，其中鞘翅中央纵纹平直，长达末端处。

分布：宁夏、内蒙古、北京、辽宁、天津、山西、河北、山东、上海、江西、浙江、甘肃。

寄主：豆科。

图 5-47　暗头豆芫菁 *Epicauta obscurocephala*

112. 芫菁属 *Mylabris* Fabricius, 1775

（133）眼斑芫菁 *Mylabris cichorii* Linnaeus, 1758

体长 10~15mm，宽 3.5~5mm。体和足黑色，被黑毛。鞘翅淡黄色至棕黄色，具黑斑。头略呈方形，后角圆，表面密布刻点，额中央有 1 纵光斑。触角短，11 节，末端 5 节膨大成棒状，末端基部与第 10 节等宽。前胸背板长稍大于宽，两侧平行，前端 1/3 向前变狭；表面密布刻点，后端中央有 2 个浅圆形凹洼，前后排列。鞘翅表面呈皱纹状，每个翅的中部有 1 条横贯全翅的黑横斑，自小盾片外侧起，横过翅基并沿肩胛而下，至距翅基约 1/4 处向内弯达到翅缝，有 1 个弧圆形黑斑纹，2 个翅的弧形纹在翅缝处汇合成 1 条横斑纹，在弧形黑斑纹的界限内包着 1 个黄色小圆斑，两侧相对，形似一对眼睛，在翅基的外侧还有 1 个小黄斑；翅端部完全黑色。

分布：甘肃、宁夏、陕西、河南、河北、北京、黑龙江、辽宁、安徽、福建、台湾、江西、湖北、湖南、广东、广西。

寄主：苹果、花椒、豆类、番茄、瓜类、花生等。

图 5-48　眼斑芫菁 *Mylabris cichoril*

（四十）小蠹科 Scolytidae

113. 根小蠹属 *Hylastes* Erichson, 1836

（134）红松根小蠹 *Hylastes plumbeus* Blandford, 1894

前胸背板有横向缢迹，背板底面有网状密纹，上面刻点稠密；鞘翅沟间部狭于刻点沟，沟间部上有短刚毛，从翅基至翅端始终显著。

分布：黑龙江、吉林、辽宁、甘肃；日本、朝鲜、俄罗斯、芬兰、瑞典。

寄主：红皮云杉、红松。

图5-49 红松根小蠹 *Hylastes plumbeus*

（四十一）瓢虫科 Coccinellidae

114. 方突毛瓢虫属 *Pseudoscymnus* Chapin, 1962

（135）弧斑方瓢虫 *Pseudoscymnus curvatus* Yu, 1999

体长2.3mm，体宽1.6mm。体型小，背部被毛。前胸背板棕褐色，基部两侧有两个黄色斑；鞘翅黑色，翅尖后缘为棕色，每个鞘翅的中后部有一个较大的棕色眼斑，且棕色斑的边缘为不规则形，此斑与末端的棕色区域相连接。腹面棕色，前胸腹板突黑褐色。

分布：河南、湖北、甘肃。

寄主：不详。

图5-50 弧斑方瓢虫 *Pseudoscymnus curvatus*

115.小毛瓢虫属Scymnus Kugelann, 1794

（136）长隆小毛瓢虫Scymnus folchinii Canepari, 1979

体长2.1～2.5mm，体宽1.5～1.8mm。体型小，背部被毛。前胸背板底色为棕褐色，基部有一个黑色斑。鞘翅底色为黑色，翅尖后缘约1/12处为棕褐色，腹面黑褐色。

分布：北京、河北、山东、河南、四川、湖北、浙江、甘肃。

寄主：不详。

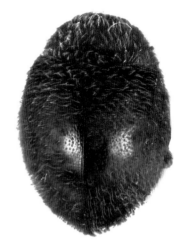

图5-51 长隆小毛瓢虫 Scymnus folchinii

116.异斑瓢虫属Aiolocaria Crotch, 1871

（137）六斑异瓢虫Aiolocaria hexaspilota (Hope, 1831)

体长8.6～11.2mm，体宽7.3～9mm。体型较大。前胸背板两侧缘处各有一黄白斑，从背板前缘延伸到后缘。鞘翅向外平展部分较宽。左右鞘翅中间各有一黑色纵带从鞘翅基部开始延伸到鞘翅1/6处，末端向内弯曲，且纵带前1/4处向内突出，鞘翅1/2处有一黑色横带斑与两纵带斑分别垂直交叉，鞘翅缝和鞘翅周缘为黑色，其中鞘翅缝处黑斑从基部到十字交叉处逐渐变宽之后又逐渐变窄。也有一部分个体，横带与纵带变成黑色斑点，或没有斑点。

分布：北京、河北、内蒙古、黑龙江、吉林、河南、陕西、甘肃、西藏、云南、贵州、四川、湖北、福建、广东、台湾。

食物：蚜虫等。

图5-52 六斑异瓢虫 Aiolocaria hexaspilota

117.瓢虫属 *Coccinella* Linnaeus, 1758

（138）纵条瓢虫 *Coccinella longifasciata* Liu, 1962

体长4.5～5mm，体宽3.2～3.8mm。虫体卵圆形。前胸背板前缘和侧缘有一条连贯的细条纹黄斑，中间有两个黄色小眼斑。左右鞘翅从基部有一条黑色纵斑向后延伸至鞘翅的7/8处，鞘翅缝上还有一条黑色的纵条，基部较宽，到鞘翅末端变窄。

分布：甘肃、青海、西藏、四川。

食物：蚜虫。

图5-53　纵条瓢虫 *Coccinella longifasciata*

（139）七星瓢虫 *Coccinella septempunctata* Linnaeus, 1758

体长5.2～7mm，体宽4～5.6mm。体型中型。前胸背板前缘两侧各有一个黄白色四边形斑。左右鞘翅上总共有7个黑斑，其中有一个小盾斑位于鞘翅基部最中央，沿鞘翅缝在左右鞘翅各分布一半。小盾片两侧颜色较浅。

分布：北京、河北、黑龙江、吉林、河南、陕西、甘肃、新疆、西藏、云南、贵州、四川、湖北、湖南、浙江、福建、广东、广西、海南、台湾。

食物：蚜虫。

图5-54　七星瓢虫 *Coccinella septempunctata*

（140）横斑瓢虫*Coccinella transversoguttata* Faldermann, 1835

体长5.7～7.3mm，体宽4.3～5.6mm。体型中型。前胸背板两侧前角处各有一黄白斑。鞘翅小盾片两侧颜色较浅；在鞘翅1/6处有一从左右鞘翅的肩胛处向中间延伸逐渐变宽并相连的黑色横带斑；在1/3处和3/4处的鞘翅外缘附近有一小黑斑。

分布：河北、内蒙古、黑龙江、河南、山西、陕西、甘肃、青海、西藏、云南、四川。

食物：蚜虫。

图5-55　横斑瓢虫 *Coccinella transversoguttata*

（141）横带瓢虫*Coccinella trifasciata* Linnaeus, 1835

体长4.8～4.9mm，体宽3.8～4.1mm。体型近似椭圆形。前胸背板前缘两侧各有一黄白斑由基部向前缘逐渐变宽，并向中间延伸在前缘连接形成一个黄白色横带状斑。鞘翅有3条黑色横带斑纹，每条横带靠外缘处的末端都略向上弯曲，小盾片两侧颜色较浅部分延伸到鞘翅的肩胛处。

分布：河北、内蒙古、黑龙江、陕西、宁夏、甘肃、新疆、青海、西藏、四川。

食物：蚜虫。

图5-56　横带瓢虫 *Coccinella trifasciata*

118.长隆瓢虫属*Coccinula elegantula* (Weise, 1890)

（142）双七瓢虫*Coccinula quatuordecimpustulata* (Linnaeus, 1758)

体长3.3～4mm，体宽2.6～2.9mm。体型中型。前胸背板前缘两侧各有一黄白斑，沿前缘向中间延伸并相连接，并在中部略向后延伸，并沿侧缘向后延伸形成窄条。左右鞘翅上各有7个按照2-2-2-1的顺序排成内外两行的黄色斑，其中内侧4个，外侧3个。

分布：北京、河北、内蒙古、黑龙江、吉林、辽宁、山东、河南、山西、宁夏、甘肃、新疆、四川、江西。

食物：蚜虫等。

图5-57 双七瓢虫 *Coccinula quatuordecimpustulata*

119.和瓢虫属*Harmonia* Mulant, 1850

（143）四斑和瓢虫*Harmonia quadripunctata* (Pontoppidan, 1763)

体长4.7～5mm，体宽3.6～4mm。头部黄白色，额区基部有两个黑斑。前胸背板共有7个黑斑，中间的2个较大的黑斑呈倒"八"字形分布，还有5个黑斑沿基缘呈弧形排列，其中最中间的小黑斑近似等腰三角形。鞘翅黄白色，鞘翅缝黑色，左右鞘翅上各有8个呈2-3-3排列的黑色斑。腹面棕褐色，外缘处颜色逐渐变为黄褐色。

分布：甘肃、云南。

食物：蚜虫等。

图5-58 四斑和瓢虫 *Harmonia quadripunctata*

（144）异色瓢虫 *Harmonia axyridis* (Pallas, 1773)

体长5.4～8mm，体宽3.8～5.2mm。鞘翅的颜色和斑纹有多种类型。浅色型个体前胸背板有一个近似英文大写字母"M"的黑色斑，该黑斑随鞘翅颜色变浅会缩小成4个黑点，左右鞘翅上各有9个小黑斑。深色型个体前胸背板处的黑斑会向四周延伸形成1个梯形的黑色斑块，余下侧缘处各有一黄褐色条斑，鞘翅底色为黑色并且左右鞘翅各有一黄褐色圆斑，或者整个鞘翅都为黑色；大多异色瓢虫鞘翅末端有个隆起的脊，只有极少数没有，因此大部分异色瓢虫都可以根据这个特征进行鉴定。

分布：河北、内蒙古、黑龙江、吉林、河南、甘肃、西藏、云南、贵州、四川、湖北、湖南、浙江、江西、福建、广东、广西、海南、台湾。

食物：蚜虫、木虱、粉蚧等。

图5-59 异色瓢虫 *Harmonia axyridis*

120. 长足瓢虫属 *Hippodamia* Dejean, 1836

（145）多异瓢虫 *Hippodamia variegate* (Goeze, 1777)

体长3.6～5.1mm，体宽2.3～3.1mm。前胸背板后缘有一黑色横斑，向前延伸形成4个黑色纵带且末端变粗，近似皇冠。鞘翅黄褐色，鞘翅基部即小盾片的两侧各有1个浅色长方形斑延伸到鞘翅中间。鞘翅上共有13个黑斑。

分布：北京、河北、内蒙古、黑龙江、吉林、辽宁、山东、河南、山西、陕西、宁夏、甘肃、新疆、青海、西藏、云南、四川、福建。

食物：蚜虫。

图5-60 多异瓢虫 *Hippodamia variegate*

（146）维氏异瓢虫*Hippodamia weisei* (Frivaidsky, 1892)

体长4.8～5.3mm，体宽3.2～3.6mm。前胸背板底色为黑色，两前角及前缘中间部分为黄白色并且相互连接。鞘翅缝黑色且从基部开始到鞘翅1/4处黑色斑纹逐渐变宽而后渐窄，左右鞘翅中间各有一条黑色纵斑从鞘翅前缘延伸到鞘翅2/3处，纵斑外侧鞘翅2/3处各有一个黑斑，部分个体纵斑内侧鞘翅3/5处也有一黑斑且有时与纵斑相连。本次采集到的部分瓢虫个体在左右鞘翅末端处也各有一黑斑。腹部黑色，足黑色。

分布：甘肃。

食物：蚜虫。

图5-61　维氏异瓢虫 *Hippodamia weisei*

121.小巧瓢虫属*Oenopia* Mulsant, 1850

（147）十二斑巧瓢虫*Oenopia bissexnotata* (Mulsant, 1850)

体长4～5.2mm，体宽2.9～4.3mm。头部黄白色，复眼黑色。前胸背板前缘黄白色，中间部分向后延伸到背板4/5处，并与两前角处的黄色四边形斑相连。鞘翅外缘向外平展，平展部分为黄白色，左右鞘翅上各有6个黄斑，排列为两个纵行，靠外侧的一行与外缘黄白色窄边相连，内行与鞘翅缝有相当的距离。

分布：河北、黑龙江、吉林、辽宁、山东、陕西、甘肃、新疆、青海、云南、贵州、四川、湖北。

食物：蚜虫。

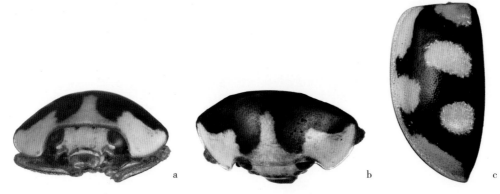

图5-62　十二斑巧瓢虫 *Oenopia bissexnotata*

a.复眼；b.前胸背板；c.左鞘翅

122. 龟纹瓢虫属 *Propylea* Mulsant, 1846

（148）龟纹瓢虫 *Propylea japonica* (Thunberg, 1781)

体长 3.4~4.7mm，体宽 2.6~3.2mm。体型近似长圆形，背部弧形拱起。前胸背板中央有一个较大的黑斑，黑斑形状为不规则形，中间向内凹两侧向外凸出。鞘翅黑色斑纹为棋盘格状的，鞘翅缝黑色。鞘翅上的黑斑有时会向四周延伸并且相互连接，有时会缩小形成斑点，也有部分个体鞘翅上的黑斑会褪色以致消失或鞘翅全部为黑色。腹部褐色，周缘黄色。

分布：北京、河北、内蒙古、黑龙江、吉林、辽宁、山东、河南、陕西、宁夏、甘肃、新疆、云南、贵州、四川、湖北、湖南、江苏、浙江、上海、江西、福建、广东、广西、海南、台湾。

食物：蚜虫、木虱、棉铃虫卵和幼虫、叶螨等。

图 5-63　龟纹瓢虫 *Propylea japonica*

123. 梅鹿瓢虫属 *Sospita* Mulsant, 1846

（149）黑中齿瓢虫 *Sospita gebleri* (Crotch, 1874)

体长 5.7~6.5mm，体宽 4.4~4.8mm。体型较大。头部黄褐色，基部有一黑色窄条。前胸背板黑褐色，两侧缘处各一黄白色椭圆形斑，基部中央有一个近似英文字母"V"的黄褐色斑。左右鞘翅各有4条浅色纵纹，最内侧的纵纹沿鞘翅分布，并与相邻的纵条纹在鞘翅末端汇合，小盾片两侧有一倒三角形浅色斑。腹面黑褐色，足褐色。

分布：内蒙古、甘肃。

食物：不详。

图 5-64　黑中齿瓢虫 *Sospita gebleri*

124. 褐菌瓢虫属 *Vibidia* Mulsant, 1846

（150）十二斑褐菌瓢虫 *Vibidia duodecimguttata* (Poda, 1761)

体长3.7～4.9mm，体宽3～3.7mm。体型中型。头部白色。前胸背板黄褐色，两侧前角和基角处各有2个圆斑，有时上下延伸连接为1个白色纵斑。小盾片黄褐色。左右鞘翅上各有6个白色圆斑。腹部黄褐色。

分布：北京、河北、吉林、河南、陕西、甘肃、青海、西藏、云南、贵州、四川、湖南、浙江、上海、福建、广东、广西。

食物：椿树白粉菌等。

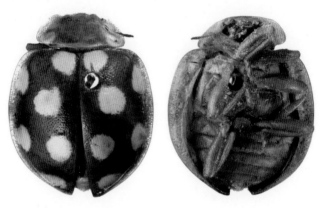

图5-65　十二斑褐菌瓢虫 *Vibidia duodecimguttata*

第六章

膜翅目
Hymenoptera

（四十二）蚁科 Formicidae

125. 蚁属 Formica Linnaeus, 1758

（151）富氏凹头蚁 Formica fukaii Wheeler, 1914

工蚁体长5～8mm。头部和后腹部为棕黑色至亮黑色。胸部及并胸腹节为暗橘红色，前胸发达，前胸背板具短直立毛2～3根。中胸及并胸腹节无毛，具小刻点。腹柄节呈扇状，中间凹陷。后腹部短，少毛。雌蚁体长9～10mm。形似工蚁，但较肥大，并具2对翅（交尾后无翅）。头部和后腹部为棕黑色至亮黑色，胸部、并胸腹节及其他部分均为棕红色。胸部比工蚁发达。后腹部肥大，呈长圆形。雄蚁体长8～9mm。头小。全身黑色。具2对翅。胸部比雌蚁更发达，腹部长筒形。触角13节。

分布：陕西、黑龙江、宁夏、甘肃、四川、西藏。

食物：捕食松阿扁叶蜂成虫及幼虫，叶蝉、蝇类成虫，尺蠖、螟蛾科幼虫等昆虫。

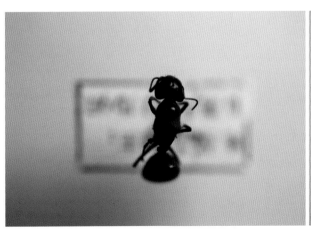 

图6-1 富氏凹头蚁 Formica fukaii

126.弓背蚁属 *Camponotus* Mayr, 1861

（152）日本弓背蚁 *Camponotus japonicus* Mary, 1866

　　工蚁体长7.36～13.81mm，大小相差很大，分大型、中型、小型3种类型。体黑色，少数个体颊前部、唇基、上颚和足红色。头与并腹胸具稀疏的黄色倾斜毛，后腹部倾斜毛和倒伏毛都十分丰富，并具丰富的白色柔毛被。上颚具5齿。触角着生处远离唇基。并腹胸背面呈连续的弓形。腹柄结鳞片状，顶端圆。雌蚁体长15.35～15.86mm。头较小，具3个单眼，复眼较突出。中胸十分发达，并胸腹节斜面长是背面的3倍。腹柄结薄而宽，后腹部粗大。头与并腹胸具短而稀疏的直立毛，后腹部毛被丰富，但不具倒伏毛，末端毛更丰富。雄蚁体长9.66～9.68mm，头很小，具3只单眼，复眼很大。上颚窄，具2齿。后腹较细长。

　　分布：全国各地。

　　食物：取食蚜虫、介壳虫的蜜露，植物的叶、芽、花蕾及分泌物；捕食马尾松毛虫、落叶松叶蜂幼虫等多种小型节肢动物。

图6-2　日本弓背蚁 *Camponotus japonicus*

（四十三）姬蜂科 Ichneumonidae

127.原姬蜂属 *Protichneumon*

（153）黄尾原姬蜂 *Protichneumon chinensis* Uchida

图6-3　黄尾原姬蜂 *Protichneumon chinensis*

（四十四）茧蜂科Braconidae

128.刺足茧蜂属 *Zombrus* Marshall, 1897

（154）酱色刺足茧蜂 *Zombrus sjostedti* (Fahringer, 1929)

体长 6.5～15mm。体赤黄色。触角、须、上颚端部、足黑色（须和前足基节有时赤黄色）。翅黑褐色，在外方色稍浅；翅痣及翅脉黑色；在第1肘室上方及Cu脉第1段端段附近有白斑。体光滑，具黄白色长毛。头近立方形；颜面具粗刻点或网纹，有中纵脊；后头脊细，中央间断，触角50余节。前胸背板具网状刻纹；中胸盾片、小盾片、中胸腹板光滑，仅具稀疏刻点；盾纵沟深，在近后方中央相接处有不明显纵刻条；翅基下脊下方的沟及腹板侧沟深，内具短脊；后胸侧板及腹板、并胸腹节具粗网状刻纹，后者基半有1条中纵脊，侧突明显。后头基节背面有2个尖锐的齿状突起，近基部的细而长，近端部的短而三角形。腹部第1、2背板、第3背板基部有多数纵刻条，其他腹节光滑，产卵管鞘长为腹长的0.63～0.7倍或后足胫节的1.2～1.5倍。

分布：河北、黑龙江、宁夏、新疆、甘肃、河南、陕西。

寄主：体外寄生于家茸天牛、青杨天牛等天牛幼虫。

图6-4 酱色刺足茧蜂 *Zombrus sjostedti*

129. 深沟茧蜂属 *Iphiaulax* Foerster, 1862

（155）赤腹深沟茧蜂 *Iphiaulax impostor* (Scopoli, 1763)

体长6～10.5mm。头黑色。胸猩红色，中胸背板中叶前方1/2及侧叶色深，黑红色。翅全部烟褐色，翅痣和翅脉黑褐色；有2个透明斑，一个在回脉上部与肘脉第二段基部相交处，另一个在第二肘间脉。足黑色。腹部猩红色。产卵管红棕色，鞘黑色。体全部具光泽。头几乎横宽，复眼之后狭，单眼座略突起；颜面、颊、后颊、头顶、唇基及须具黑褐色至黑色毛。胸平坦，具短黑毛。足细长而强，后足基节略长，棍棒状，胫节稍弯曲。腹部卵圆形，腹面凹；其长几乎等于头胸之和；第一背板自基部至端部由窄变宽，其后缘明显比长宽，中部突起，在中区与侧缘之间有2条纵沟；第二背板略横宽，基部2/5～3/5处中央有纵皱纹，基部两边有2个三角形区，由深沟与背板的其余部分分开；第3～5背板近前缘有锯齿形横沟，其基部两边各有1个由沟与背板其余部分分开的近似三角形区域，所有背板后缘有宽边。产卵管长约为腹长的2/3，末端略弯，鞘近末端渐宽，端部圆。

分布：江苏、浙江、甘肃、吉林等。

寄主：体外寄生于云杉小黑天牛、桑天牛、光胸幽天牛、青杨天牛等幼虫。

图6-5　赤腹深沟茧蜂 *Iphiaulax impostor*

（四十五）叶蜂科 Tenthredinidae

130. 叶蜂属 *Tenthredo* Linnaeus, 1758

（156）狭域低突叶蜂 *Tenthredo mesomela* (Linnaeus, 1758)

体长 11～13mm。体背侧和触角黑色，触角窝上突、前胸背板大部、翅基片、小盾片除后缘 1/4、附片两侧、后小盾片大部、后胸后背板中部、腹部各节背板后缘狭边黄绿色；体腹侧黄绿色，胸部侧板缝处竖条斑和中胸前侧片中部竖条斑黑色；足黄绿色，后足基节腹侧细条斑、各足转节至跗节背侧条斑黑色。翅大部浅烟褐色，翅痣和缘脉黑褐色。头部背侧光泽微弱，刻纹密集，无明显刻点；中胸前侧片具较细弱刻纹，黑色部分刻纹较明显；腹部背板刻纹细密。雌虫复眼下缘间距 0.5 倍于复眼高；触角窝上突较低，明显隆起，互相近似平行，前部稍加宽，高明显短于宽，后端突然中断；单眼后区宽约 1.6 倍于长，侧沟明显，向后稍分歧。触角丝状，长约 0.9 倍于头胸部之和，第 3 节约 1.5 倍于第 4 节长。中胸小盾片圆钝隆起，无后缘脊和顶尖，中胸前侧片平坦；爪内齿短于外齿；后翅臀室无柄式；锯鞘侧面观较狭长，端部窄圆；锯腹片窄长，节缝可见小型栉齿，纹孔下域极低，宽高比大于 5；锯刃显著倾斜，中部锯刃外侧具 10 枚左右细小亚基齿。雄虫体长约 10mm，附片大部和后胸后背板大部、各节背板后缘宽边黄绿色；阳茎瓣头叶无端突；下生殖板宽大于长，端部圆钝；阳茎瓣头叶亚端部腹侧具深弧形缺口，端部圆钝。

分布：黑龙江、吉林、辽宁、北京、河北、山西、甘肃、陕西、四川、青海；朝鲜、韩国、日本、西伯利亚、西亚、欧洲。

图 6-6 狭域低突叶蜂 *Tenthredo mesomela*

（四十六）蜜蜂科 Apidae

131. 熊蜂属 *Bombus* Latreille, 1802

（157）火红熊蜂 *Bombus pyrosoma* Morawitz, 1890

蜂王体长 21.5～28.5mm；体表密被细绒毛，其头、胸、腹第1节背板及足部均为黑色，腹部第2～6节背板为橘红色；前足胫节和基跗节间有净角器，后足外侧有花粉耙和花粉筐，腹部具无倒刺的、向背部弯曲的螫针。工蜂体长 13～20mm；头部、前胸、中胸及足部为黑色，后胸及腹部第1节背板为灰白色，腹部第2～6节背板为橘红色；但个体体形差异较大。雄蜂体长 14～21mm；头部、胸部、腹部第1～2节背板为金黄色，腹部第3～7节背板为橘红色，足部为黑色；体形大小与工蜂相近，后足无花粉筐，腹部末端无螫针。

分布：全国各地。

食物：植物花粉。

图6-7　火红熊蜂 *Bombus pyrosoma*

（158）谦熊蜂 *Bombus modestus* Eversmann, 1852

蜂王体长 15～17mm，工蜂体长 8～12mm。雌蜂中足基跗节后端角尖而宽圆；后足基跗节后缘近乎平直；胸部背面毛淡黄色，翅基片间具分散的黑毛或弱的黑毛带；后躯第5背板毛黑色具白色后缘毛或第5背板毛完全白色。雄蜂体长 9～16mm；雄蜂胸部背面前缘毛黄色，翅基片间无黑毛，后躯第3背板后缘具淡色的缘毛，后躯第5～6背板无淡橘色毛。

分布：陕西、甘肃、吉林、辽宁、内蒙古、北京、河北、山西、四川等。

食物：植物花粉。

图6-8　谦熊蜂 *Bombus modestus*

第七章

双翅目
Diptera

（四十七）食蚜蝇科 Syrphidae

132. 食蚜蝇属 *Syrphus* Fabricius, 1775

（159）野食蚜蝇 *Syrphus torvus* (Osten-Sack, 1875)

复眼上部2/3密被白毛，前缘、后缘及底部稀疏或裸露；接缝略长于额长，额标黑色，覆黄粉，被黑长毛，前端中央裸露，黑亮。触角枯黄色，第3节背面黑色，长度与高度之比约1.5：1；芒裸，棕色，面部上、下较获，中部可达头宽的1/2；黄色，两侧覆黄粉，被黑长毛；口前缘略呈棕色。中胸盾片暗黑，密被较长黄毛，侧缘在横沟之后覆黄粉，被枯红色毛；小盾片黄，密被黑长毛；盾下毛较密，中线附近略稀疏，足大部分黄色，前、中足腿节基部1/4黑色，后足腿节基部2/3及其跗蹠节背面黑色。足主要被黄毛，前足腿节后面全长、中足腿节后面端部被若干黑长毛，后足腿节前面末端为黑短毛，其腔节前面几乎全为黑毛。翅略呈黄色，下腋瓣表面有较多直立的黄长毛，翅痣棕黑，腹部长卵圆形，第2、3节之间最宽，背面黑色，第2节中部有1对黄斑，约占背片长度的1/2。第2、3节近背片前缘各有一略呈波形的黄色横带，约占背片长度的1/2，黄带后缘具缺，两端变狭，伸达背片前侧缘；第4节黄带中央伸达该节前缘，背片后缘黄色。第5节黄色，基半部中央黑色，背片被毛同底色，但第5节全为黑毛。

分布：北京、福建、甘肃、台湾。

食物：幼虫捕食甘蓝蚜、桃蚜、菊小长管蚜、禾谷缢管蚜等昆虫。

图7-1　野食蚜蝇 *Syrphus torvus*

133. 管蚜蝇属 *Eristalis* Latreille, 1804

（160）长尾管蚜蝇 *Eristalis tenax* (Linnaeus, 1758)

雄性体长12～13mm，雌性13～15mm。颜面被黄粉及同色毛，正中具黑色宽纵条。触角暗褐色至黑色，第3节卵形。中胸背板黑色，被淡棕色毛，小盾片黄色或棕黄色。腹部锥形。第1背板暗黑色，第2、3背板柠檬黄色，第2背板中部具"工"字形黑斑，黑斑前部宽，与背板前缘相连，后端不达背板后缘，两侧不达背板侧缘；第3背板后端具倒"T"字形黑斑，其前端呈箭头状，伸达或不达背板前缘，后端两侧不达背板侧缘；第4、5背板黑色。腹部背板被棕黄色毛。

分布：河北、江苏、上海、浙江、福建、湖南、广东、甘肃。

食物：蚜虫。

图7-2　长尾管蚜蝇 *Eristalis tenax*

（四十八）丽蝇科 Calliphoridae

134. 丽蝇属 *Calliphora* Robineau-Desvoidy, 1830

（161）宽丽蝇 *Calliphora nigribarbis* Vollenhoven, 1863

体长 9～13mm。眼有疏短微毛，额宽为前单眼的 1.2～1.7 倍；头前面粉被银白，侧颜下部、下侧颜及额前方转为带金色或棕色，下侧颜底色红棕，触角第 2 节仅最末端带红色；第 3 节暗褐色，基部 1/8～1/6 带橙色或红色，长大于宽的 3 倍，又为第 2 节长的 3.7～3.8 倍；芒羽状，芒基 0.3～0.4 增粗，最长芒毛为触角第 3 节的 1.6 倍；下颚须黄色。翅内鬃 1+2 根；肩案 4 根；中胸气门呈较鲜明的橙色，后胸气门深褐色。r-m 横脉无暗晕，亚前缘骨片橙色；腋瓣棕色，上腋瓣及两瓣交接处外侧缘缨黑褐色，下腋瓣上面有黑立毛，边缘及缘缨白色或部分污白；平衡棒头黄色，杆黄褐色。足中股基半有前腹及后腹鬃列；后股前腹鬃列完整。第 2 合背板亮黑，其余各背板暗青色有时带紫色光泽，有可变色的灰白粉被，向后缘去渐薄。雌性额宽约为头宽的 0.41 倍，间额后半黑褐色至黑色，前端棕红色，内、外顶鬃均发达，上眶鬃后倾 1 个、前倾 2 个，下眶鬃 10～11 个，上伸至前单眼前缘 1 条线，这鬃列外侧有小毛约 3 列，向下去连到侧颜上部 4～5 列，头前面粉被为微带黄色的银色，侧颜上部有可变色黑斑，侧颜宽为触角第 3 节宽的 1.5 倍，颊高约为眼高的 0.4 倍；触角第 3 节长约小于宽的 3 倍，又大于第 2 节的 4 倍。第 3 背板无中缘鬃，第 5 腹板带长圆形，第 6 腹板侧缘亦直，两侧缘大部分平行而不呈弧形；第 6 背板宽约为长的 2 倍，后侧角约为 120°；受精囊短，柠檬形。

分布：黑龙江、吉林、辽宁、内蒙古、河北、四川、广东、云南、甘肃等。

食物：幼虫孳生于人和动物的粪便及尸体中，成虫吸食花蜜。

图 7-3 宽丽蝇 *Calliphora nigribarbis*

135.变丽蝇属*Paradichosia* Senior-White, 1923

（162）麦丽蝇*Paradichosia* sp.

图7-4 麦丽蝇 *Paradichosia* sp.

（四十九）蜂虻科Bombyliidae

136.姬蜂虻属*Systropus* Wiedemann, 1820

（163）中华姬蜂虻*Systropus chinensis* Bezzi, 1905

体长20～23mm，翅长9～14mm。头部红黑色；下额、颜面和颊浅黄色。单眼瘤深褐色。头部有浅黄毛，下额、颜面和颊有密的银白色短毛。上后头沿眼缘有黑毛。触角柄节黑色、梗节暗褐色，有短黑毛；鞭节黑色，扁平且光滑。缘黑色，基部黄褐色，光滑；下颚须褐色，有淡黄毛。胸部黑色，有黄色斑。毛淡黄色和暗褐色，但黄色区有淡黄毛。肩胛浅黄色。前胸侧板浅黄色。中胸背板有两个黄色侧斑。前斑横向，呈指状，中斑缺少，后斑不规则楔形。小盾片黑色。中胸上前侧片黑色，上后侧片黑色，有长白毛。下前侧片和下后侧片黑色。气门附近黄色，气门前方有一黑色圆斑。后胸腹板全黑色，有长白毛，后缘的"V"形区域极小，几乎愈合。后胸腹板与第一腹节边缘黄色，区域较小。前足黄色，基节黑色，第3～5跗节深黄色；第5跗节末端有褐色毛。中足黄色，基节黑色，转节端部黑色，腿节基部至端部1/4黑色，有浓密的短黑毛，跗节3～5节褐色至暗褐色。后足黄褐色，基节基部黑色；转节黄褐色，腿节黄褐色；胫节黄褐色，3/4处至端部黄色，胫节有3排刺状黑鬃（背列3根，侧列5根，腹列4根），跗节第1跗节3/5黄色，其余褐色。爪亮黑色，爪垫黄色。足的毛多呈倒伏状，黑色。翅浅棕色，透明，基部及前缘色略深，近棕色；翅脉深棕色；r-m横脉近盘室中部。平衡棒黄色，棒端背部黑色，腹部黄色。

分布：北京、河南、山东、四川、贵州、云南、湖南、甘肃。

寄主：不详。

图7-5 中华姬蜂虻 *Systropus chinensis*

（五十）虻科Tabanidae

137.斑虻属*Chrysops* Meigen, 1803

（164）黄带斑虻*Chrysops flavocinctus* Ricardo, 1902

图7-6 黄带斑虻 *Chrysops flavocinctus*

（165）中华斑虻*Chrysops sinensis* Walker, 1856

体长8～11.5mm。额灰黄至黄绿色，缀以黄毛，高约为基宽的1.1倍。额胛亮黑色，扁圆形，适度大，与眼分离，接触亚胛。颜胛和口胛均为棕黄色。颜中部具白粉条。颊胛不明显。口缘毛淡黄色。触角柄节、梗节及鞭节基部黄色，覆以黑毛，其余部分黑色。颚须第1节灰黄色；第2节棕黄色，中度长，着黄毛。中胸背板棕黑色，覆以灰黄粉被，着黄毛。有1对灰黄色中侧纵条，自盾片前缘伸达小盾前区，并有1对界限不清的侧纵条位于翅前区。小盾片亮棕黄色。侧板淡灰黄色，着黄毛。翅透明，中室暗，横带斑外缘锯齿状，端斑带状，与横带斑接触处占据整个第1径室，其端部超过R_4脉。平衡棒柄棕色，结节黑色。足基节灰色；转节黑色；股节和胫节棕黄色，富黑毛；前跗节和跗分节2～4基部黄色，其余部分黑色着黑毛。腹背节Ⅰ、Ⅱ淡黄色，节Ⅰ中央具棕色蝶形斑，节Ⅱ中侧部具1对显著的"八"字形黑斑，此斑先向侧后方，然后折向两侧延伸。节Ⅲ～Ⅶ主要呈黑色，着黄毛，有1条浅黄色正中纵条，两侧并具黄色侧点，每节后缘具细的黄色端带。腹背节Ⅲ以后的纹饰可有较大的变异。腹板节Ⅰ、Ⅱ黄色，节Ⅱ并具一中黑斑，节Ⅲ以后黑色，着黄毛。

分布：贵州、广东、河北、江西、浙江、福建、山西、宁夏、甘肃、四川、云南等。

食物：喜好在牛、马等动物的腹部吸血。

图7-7 中华斑虻 *Chrysops sinensis*

（五十一）食虫虻科Asilidae

138.细腹食虫虻属*Leptogaster*

（166）基细腹食虫虻*Leptogaster basilaris* (Coquillett, 1898)

图7-8　基细腹食虫虻 *Leptogaster basilaris*

139.长角食虫虻属*Leraturgus* Wiedemann, 1824

（167）赫氏纤长角食虫虻*Ceraturgus hedini* (Engel, 1934)

图7-9　赫氏纤长角食虫虻 *Caraturgus hedini*

第八章

鳞翅目
Lepidoptera

（五十二）夜蛾科 Noctuidae

140. 锦夜蛾属 *Euplexia* Stephens, 1829

（168）褐肾锦夜蛾 *Euplexia semifasia* (Walker, 1865)

喙发达，下唇须向上伸，第2节约达额之中部，第3节短，额平滑，复眼圆大，雄蛾触角有纤毛，头部及胸部主要是鳞片，头顶有鳞脊；前后胸有散开的毛簇；腹部有2列毛簇；前翅翅尖略呈长方形，外缘微波浪形，肾纹褐色；后翅棕色，与前翅外线及亚端线间色极相似。

分布：西藏、甘肃。

寄主：不详。

图 8-1　褐肾锦夜蛾 *Euplexia semifasia*

141.地老虎属 *Agrotis* Ochsenheimer, 1816

（169）皱地老虎 *Agrotis clavis* (Hufnagel, 1766)

体长16～23mm，翅展42～54mm，深褐色。触角，雌蛾丝状，雄蛾双栉齿状，栉齿仅达触角一半，端半部为丝状。前翅由内、外横线将全翅分为3段，具有显著的肾状斑、环形纹、棒状纹和2个黑色剑状纹；后翅灰色无斑纹。

分布：甘肃、黑龙江。

寄主：松科云杉属、蓼科酸模属，豆科、禾本科等。

图8-2 皱地老虎 *Agrotis corticea*

142.肖毛翅夜蛾属 *Thyas* Hübner, 1824

（170）橘肖毛翅夜蛾 *Lagoptera dotata* (Fabricius, 1794)

体长25～27mm，翅展57～60mm，全体褐色。头部与胸部棕色。前翅棕色，前翅内外线色淡，均外斜，外缘灰白色，内外线之间近前沿处有1个黑棕色斑点，肾形纹为2个褐色圆斑。后翅色较暗，中部有1条粉蓝色弯带。

分布：四川、重庆、云南、贵州、广东、广西、湖南、湖北、甘肃。

寄主：葡萄科葡萄属，芸香科柑橘属，蔷薇科苹果属、梨属、李属，桦木科桦木属，锦葵科木槿属等。

图8-3 橘肖毛翅夜蛾 *Lagoptera dotata*

143. 仿爱夜蛾属 *Apopestes* Hübner, 1914

（171）仿爱夜蛾 *Apopestes spectrum* (Warren, 1913)

成虫为大型蛾，体长27～30mm，翅展60～70mm，全体灰黄色至赤褐色。前翅黄褐色或黑褐色，亚基线、内横线、外横线、亚外缘线作黑色不整齐的曲折纹；肾状纹外缘黑色较粗，环状纹不明显；外缘有黑点成列，缘毛淡黑褐色。后翅褐色，近外缘部分较深，缘毛淡褐色。前后翅反面褐色，外横线及亚外缘线隐约可见。

分布：新疆、四川、甘肃、西藏。

寄主：豆科苦参属、野决明属等。

图8-4 仿爱夜蛾 *Apopestes spectrum*

144. 裳夜蛾属 *Catocala* Schrank, 1802

（172）珀光裳夜蛾 *Catocala helena* Eversmann, 1856

翅展63～68mm。头胸部灰色杂黑色，腹部棕黄色；前翅外线双线，内线黑色，外线棕色，前半具2齿，外凸；后具向内凹棒形纹，近后缘具1内凸大齿；后翅顶角黄斑大。

分布：甘肃、青海、内蒙古。

寄主：杨柳科杨属、柳属，榆科榆属等。

图8-5 珀光裳夜蛾 *Catocala helena*

145.狼夜蛾属 *Ochropleura* Hibner, 1821

（173）基角狼夜蛾 *Ochropleura triangularis* Moore, 1867

前翅长 17～22mm。头部、胸部为紫褐色。前翅紫黑色，前缘区大部及中室前缘黄白色；臀褶基部有 1 个黑色三角形斑；环纹为"V"形，黄白色；肾纹内缘有 1 条黄白色线，两纹间黑色；内线与外线黑色，锯齿形；亚缘线黄褐色，锯齿形，内侧有 1 列齿形黑点。后翅暗褐色。

分布：陕西、甘肃、四川、云南、西藏。

寄主：不详。

图8-6　基角狼夜蛾 *Ochropleura triangularis*

（五十三）尺蛾科 Geometridae

146.尾尺蛾属 *Ourapteryx* Leach, 1814

（174）四川尾尺蛾 *Ourapteryx ebuleata szechuana* Wehrli, 1939

体长 21mm，翅展 57mm。全体粉白微带黄色；前翅布满半透明纹，内线外线均外斜，内线内侧、外线外侧衬有白色带，后翅有一斜带，自中室端上角斜至臀角处，亚端线浅黄绿色，在前后缘区不太明显，翅尾巴两眼间有灰黄色影晕，上眼纹灰褐色，衬有红色。

分布：甘肃、西藏、四川。

寄主：黄杨科。

图8-7　四川尾尺蛾 *Ourapteryx ebuleata szechuana*

147.无缰青尺蛾属 *Hemistola* Warren, 1893

（175）点尾无缰青尺蛾 *Hemistola parallelaria* (Leech, 1897)

雄性前翅长17～19mm，雌性前翅长18～21mm。额下缘白色，上部大部分褐色，略带粉色；头顶前端白色，后半部蓝绿色。腹部背面各节有浅蓝绿色立毛簇。翅蓝绿色至黄绿色。前翅前缘白色；内线白色，斜行向外，外侧有暗绿色伴线；外线白色，内侧有暗绿色伴线，几乎和外缘平行；缘线暗绿色；缘毛白色，在顶角处为红褐色。后翅顶角略凸，外缘在M_3脉端凸出1个尖角；外线白色，内侧有暗绿色伴线，直，有些上半部略外倾；缘线同前翅；缘毛白色，在M_3和Cu_1脉端为红褐色。

分布：陕西、甘肃、湖北、四川、云南、西藏。

寄主：不详。

图8-8 点尾无缰青尺蛾 *Hemistola parallelaria*

148.黄尺蛾属 *Opisthograptis* Hübner, 1823

（176）三齿黄尺蛾 *Opisthograptis tridentifera* (Moore, 1888)

体长15mm，翅展52mm。和狭斑黄尺蛾相似，颜色比其鲜艳，前翅的线条消失，仅在翅脉上残留黑点，翅中部的褐斑较大，其外缘突出3个齿，中央1个较大。

分布：西藏、四川、甘肃。

寄主：不详。

图8-9 三齿黄尺蛾 *Opisthograptis tridentifera*

（177）三斑黄尺蛾 *Opisthograptis trimqculata* Leech, 1897

体中型，黄色，前翅基部有一褐色条形小斑，顶角及前缘中部各有一褐色大斑。

分布：四川、陕西、云南、甘肃。

寄主：不详。

图8-10　三斑黄尺蛾 *Opisthograptis trimqculata*

149. 秋黄尺蛾属 *Ennomos* Treitschke, 1825

（178）秋黄尺蛾 *Ennomos autumnaria* (Werneburg, 1859)

翅展38～43mm。头部具棕黄色，有毛隆，下唇须上翘；胸部密被棕黄色长鳞毛，领片处金黄色较浓，腹部棕黄色至棕红色，具短鳞毛。前翅棕黄色至灰黄色，各横线棕红色，内横线明显、完整，其他横线多断裂或略显，外缘齿状，前大半部翅脉端黑色饰毛可见，M_2脉外凸明显。后翅底色同前翅底色，散布云状棕色至棕红色小淡斑，外缘中部翅脉端黑色饰毛可见，且齿状。

分布：黑龙江、吉林、辽宁、陕西、甘肃等。

寄主：杨柳科杨属、柳属，榆科榆属，蔷薇科苹果属、梨属等。

图8-11　秋黄尺蛾 *Ennomos autumnaria*

150.鹰尺蛾属 *Biston* Leach, 1815

（179）桦尺蛾 *Biston betularia* (Linnaeus, 1758)

头灰褐色，胸部暗灰色；前翅灰褐色，变异大，密布黑褐色斑点；基线模糊；内线弱弯曲；中线前半部粗，后半部模糊；外线在 M_2 脉处向外明显突出，在臀角前有较小突出；后翅灰白色，散布大量黑褐色斑点中线较宽，弱弧形弯曲，外线中部弯曲。

分布：宁夏、甘肃、青海、新疆、北京、河北、内蒙古、黑龙江、吉林、辽宁、山东、河南、陕西。

寄主：桦木科桦木属，杨柳科杨属、柳属，悬铃木科悬铃木属，椴树科椴属，榆科榉属、榆属，芸香科黄檗属，菊科，蔷薇科等。

图8-12 桦尺蛾 *Biston betularia*

（五十四）舟蛾科 Notodontidae

151.扇舟蛾属 *Clostera* (Samouelle, 1819)

（180）分月扇舟蛾 *Clostera anastomosis* (Linnaeus, 1758)

雄蛾翅展27～37mm，雌蛾翅展37～46mm。体和翅灰褐色至暗灰褐色。头顶到胸背中央黑棕色。前翅顶角斑扇形模糊红褐色，3条灰白色横线与杨扇舟蛾相似，内外线间有1个斜伸三角形隐形斑。亚缘线由一列黑褐色点组成，波浪形。

分布：黑龙江、吉林、内蒙古、河北、江苏、江西、湖南、湖北、青海、四川、甘肃。

寄主：杨柳科杨属、柳属，桦木科桦木属等。

图8-13 分月扇舟蛾 *Clostera anastomosis*

（181）短扇舟蛾*Clostera curtulaiaea* (Erschoff, 1870)

雄体长12～15mm，雌15～16mm；雄翅展27～36mm，雌32～38mm。全体色较暗，灰红褐色，前翅灰红褐色，顶角斑暗红褐色，脉间钝齿形弯曲纹长，外线从前缘至M脉一段齿形弯曲纹白色鲜明；从Cu_2脉基部到外线间有一斜三角形影状暗斑。后翅灰红褐色。

分布：河北、北京、黑龙江、吉林、山西、陕西、甘肃、青海、云南。

寄主：杨柳科。

图8-14　短扇舟蛾 *Clostera curtulaiaea*

152. 仿齿舟蛾属*Odontosiana* Kiriakoff, 1964

（182）仿齿舟蛾*Odontosiana schistacea* (Kiriakoff, 1964)

雄体长约18mm，前翅长20～22mm。下唇须短，饰棕色长毛；触角黄褐色双栉状；额的下部棕黄色，上部至头顶棕灰色。胸背棕黄色，后胸有灰褐色毛簇，颈片及肩片暗灰褐色。腹背赤褐色或赭黄色，自基部向后渐淡，端末灰褐色。前翅灰褐色，基半部较暗，后缘中部有一后伸的灰褐色齿形毛簇，其内侧至翅基中部有一白色斜线，线的下方淡黄或黄白色，齿形毛簇的内侧有一向外上斜伸的淡色短纹；外线细锯齿形，为翅面浓、淡两部分的界线；亚缘线波状，其内侧至外线间略呈黄色，外侧至外缘间灰褐色，缘线黑褐色且细，被淡色脉纹分割成段形；缘毛浓淡相间，脉端色暗；前缘外线与亚缘线间有3个黑色斜斑，下两斑短而清晰。后翅灰白色微黄，顶角及外缘较暗，近臀角有一短黑纹，缘毛浓淡相间，脉端色浓。反面前翅灰黑色，前缘及外线之外色淡，缘线及缘毛明显。后翅与正面略同。

分布：青海、山西、甘肃。

寄主：杨柳科。

图8-15　仿齿舟蛾 *Odontosiana schistacea*

（五十五）大蚕蛾科 Saturniidae

153.豹大蚕蛾属 *Loepa* Moore, 1860

（183）黄豹大蚕蛾 *Leopa katinka* (Westwood, 1848)

翅展40mm左右。触角黄褐色，羽状。体翅黄色。额、头顶黄色，肩板和胸部前缘灰褐色，掺有白色和红色；腹部各节间色淡。前翅三角形，近顶角处外突，外缘平直，臀角稍圆；后翅扇形，顶角圆。前翅前缘灰褐色，基部枯黄色；内线紫红色、齿状；外线灰黑色、齿状；亚外缘线为灰褐色齿状双线，其外侧的线在脉间加粗，亚外缘线外侧为端白的深黄色云纹，云纹在顶角处为2个斑：上斑为月牙形、橘红色，周围白色；下斑为外围有白色圈的椭圆形黑斑。中室端有一圆形眼状斑，斑的

图8-16 黄豹大蚕蛾 *Leopa katinka*

外围为紫褐色边，向中央色淡，中心近白色，斑内有白色至黄色、至紫红色的轮纹，斑的上缘有黑边。后翅斑纹同前翅。两翅的缘毛黄色。翅反面与正面相同。

分布：江西、河北、宁夏、安徽、福建、浙江、四川、广东、海南、甘肃、西藏。

寄主：猕猴桃科、葡萄科等藤本植物。

（五十六）毒蛾科 Lymantriidae

154.雪毒蛾属 *Leucoma* Hübner, 1822

（184）柳毒蛾 *Leucoma salicis* (Linnaeus, 1758)

雌成虫体长19～23mm，翅展48～52mm；雄成虫体长14～18mm，翅展35～42mm。全身被白绒毛，稍有光泽。复眼漆黑色。雌蛾触角栉齿状，雄蛾触角羽毛状，触角主干黑色，有白色或灰白色环节。足黑色，胫节和跗节有白色的环纹。

分布：黑龙江、吉林、辽宁、青海、陕西、内蒙古、河北、河南、山西、山东、湖北、江西、湖南、福建、四川、云南、西藏、甘肃。

寄主：杨柳科。

图8-17 柳毒蛾 *Stilpnotia salicis*

（五十七）蚕蛾科 Bombycidae

155. 蚕蛾属 *Bombyx* Linnaeus, 1758

（185）大蚕蛾 *Bombyx mandarina* Leech, 1912

翅展85～90mm。体形粗大，属大型蛾类。除具有翅脉外，触角通常有双栉状，胫节无距，也没有翅缰，体型大。翅色鲜艳，翅中各有一圆形眼斑，后翅肩角发达，有些种类的后翅上有燕尾。

分布：黑龙江、吉林、辽宁、内蒙古、陕西、甘肃、山西、北京、河北、河南、山东、安徽、江苏、上海、浙江、江西、福建、台湾、广东、贵州、云南。

寄主：锦葵科木槿属，桑科桑属、榕属、橙桑属等。

图8-18　大蚕蛾 *Bombyx mandarina*

（五十八）灯蛾科 Arctiidae

156. 雪灯蛾属 *Spilosoma* Curtis, 1825

（186）星白雪灯蛾 *Sfilosoma menthastri* (Esper, 1786)

体长16mm左右，翅展38～46mm。头胸及前、后翅白色。下唇须、触角黑色。前翅散布黑点，数目不等。后翅中部有1个黑点；外缘有3～4个黑点。腹部背面红色或黄色，如腹部背面红色，则胸足上方红色；如腹部背面黄色，则胸足上方亦为黄色。腹部背面及两侧有黑点列；腹面黄白色。

分布：甘肃、山东、黑龙江、吉林、辽宁、内蒙古、河北、陕西、四川、贵州、云南、江苏、安徽、湖北、浙江、江西、福建。

寄主：桑科桑属，藜科甜菜属、菊科等。

图8-19　星白雪灯蛾 *Sfilosoma menthastri*

157. 黄灯蛾属 *Rhyparia* Hübner, 1827

（187）黑纹黄灯蛾 *Rhyparia leopardina* (Menetries, 1859)

翅展 38～44mm，雄蛾头、胸褐黄色，腹部黄色，背面及侧面具有黑点。下唇须与触角黑褐色或褐色；胸足暗褐色，有黑条纹。前翅黄色，亚基带短，黑色，位于A脉上方，但有时缺乏，中室中部及 Cu_2 基部下方有1条较长的黑带，中室上角1个黑点，下角2个黑点，M_2 中部的上、下方各有1条黑短带，Cu_1 下方至 Cu_2 下方具黑点带，后翅底色黄，染淡红色，中脉具黑带在 Cu_2 脉处分叉，A脉基半部1条黑带，横脉纹黑色，黑色亚端点位于 M_2、Cu_2 和A脉上，缘毛黄色。雌蛾前翅暗褐色；后翅深红色。前翅反面中部红色，横脉纹黑色；前胸足基节及腿节上方红色。

分布：黑龙江、甘肃、青海、山西、四川、西藏。

寄主：禾本科。

图 8-20　黑纹黄灯蛾 *Rhyparia leopardina*

158. 污灯蛾属 *Spilarctia* Butler, 1875

（188）黄臀黑污灯蛾 *Spilarctia caesarea* (Goeze, 1781)

体长 10～12mm，翅展 31～40mm。头、胸及腹部第1节和腹面黑褐色；腹部其余各节背面及侧面橙黄色，具黑点列。前后翅均黑褐色，无斑，翅脉色深；后翅臀角橙黄色，鳞片稀疏。

分布：黑龙江、吉林、辽宁、内蒙古、山西、陕西、甘肃、江西、湖南。

寄主：杨柳科柳属、菊科蒲公英属、车前科车前属等。

图 8-21　黄臀黑污灯蛾 *Spilarctia caesarea*

（五十九）枯叶蛾科 Lasiocampidae

159.李枯叶蛾属 *Gastropacha* Ochsenheimer, 1810

（189）李枯叶蛾 *Gastropacha quercifolia* (Linnaeus, 1758)

雄蛾翅展40～68mm，体长约25mm；雌蛾翅展60～92mm，体长约35mm。体色、翅色为黄褐色或赤褐色。前翅有3条波纹横纹，外缘齿状弧形，近翅中央有一银白色斑点，斑点周围褐色；后翅色较浅，前缘黄色，翅脉褐色。静止时前翅呈屋脊状，后翅露与前翅外，恰似枯叶。

分布：全国各地。

寄主：蔷薇科苹果、梨、桃、樱桃等。

图8-22　李枯叶蛾 *Gastropacha quercifolia*

（六十）天蛾科 Sphingidae

160.绿天蛾属 *Callambulyx* Rothschild et Jordan, 1903

（190）榆绿天蛾 *Callambulyx tatarinovii* (Bremer et Grey, 1853)

体长30～33mm，翅展75～79mm。翅面粉绿色，有云纹斑；胸背墨绿色。前翅前缘顶角有1个较大的三角形深绿色斑，后缘中部有一褐色斑，内横线外侧连成1块深绿色斑，外横线呈2条弯曲的波状纹；翅的反面近基部后缘淡红色。后翅红色，后缘角有墨绿色斑，外缘淡绿，翅反面黄绿色。

分布：全国各地。

寄主：杨柳科杨属、柳属，豆科槐属，桑科桑属等。

图8-23　榆绿天蛾 *Callambulyx tatarinovii*

161. 红天蛾属 *Pergesa* (Walker, 1856)

（191）红天蛾 *Pergesa elpenor lewisi* (Butler, 1875)

体长25～37mm，翅展45～70mm。体、翅以桃红色为主，有红绿色闪光。头顶有黄绿色纵带，触角背面粉红色，腹面黄色。胸部背面及腹部背面均有黄绿色纵带，肩片外缘有白边。前翅基部后半黑色，从顶角有3条黄绿色纵带，2条伸向后缘，1条沿前缘伸达翅基，中室端有小白点。后翅红色，靠近基半部黑色。翅背面较鲜艳，前缘黄色。第1腹节两侧有黑斑。

分布：甘肃、新疆、陕西、山西、山东、天津、贵州、福建、重庆、四川等。

寄主：葡萄科葡萄属、地锦属，凤仙花科，千屈菜科，忍冬科，柳兰菜科等。

图8-24 红天蛾 *Pergesa elpenorlewisi*

（192）白环红天蛾 *Pergesa askoldensis* (Oberthur, 1879)

翅展90～95mm，体红褐色。头至肩板周围有灰白色鳞毛，颈后缘毛白色。前翅狭长，橙红色，内横线不明显，中横线较宽，棕绿色，外横线较细，呈波浪形，顶角有1条向外倾斜的深绿色斑，外缘锯齿形，各脉端部棕绿色；后翅基部及外缘棕褐色，中间有较宽的橙黄色纵带，后角向外突出。腹部两侧橙黄色，各腹节间有白色环纹。

分布：甘肃、陕西、宁夏、内蒙古、黑龙江。

寄主：葡萄科，绣球科山梅花属，木樨科丁香属、梣属等。

图8-25 白环红天蛾 *Pergesa askoldensis*

162.长喙天蛾属*Macroglossum* Scopoli, 1777

（193）小豆长喙天蛾*Macroglossum stellatarum* (Linnaeus, 1758)

翅展48～52mm。体翅暗灰褐色；胸部腹面白色，腹面暗灰色，两侧有白色及黑色斑，尾毛棕褐色并扩散呈刷状。前翅有黑色纵纹，内、中两条横线弯曲呈棕褐色，中室末端上部有一黑色小点，缘毛棕黄色；后翅橙黄色，基部及外缘有暗褐色带。翅的反面暗褐色并有橙色带，基部及后翅后缘黄色。

分布：宁夏、河北、山西、河南、甘肃、广东、四川。

寄主：茜草科、旋花科番薯属、豆科豇豆属等。

图8-26　小豆长喙天蛾*Macroglossum stellatarum*

163.绒天蛾属*Kentrochrysalis* Staudinger, 1887

（194）女贞天蛾*Kentrochrysalis streckeri* Staudinger, 1880

体长24～29mm，翅展46～65mm。体翅灰褐色，间有白色鳞毛。腹部背线较细，不显著。前翅中、内线及外线呈单线锯齿状纹，不甚明显。中室端有很小的白色点，缘毛呈黑白相间的斑纹。后翅棕褐色，无显著斑纹，缘毛与前翅同。前、后翅反面棕灰色，有相连的深色横斑。

分布：黑龙江、北京、山西、甘肃。

寄主：木樨科女贞属、梣属等。

图8-27　女贞天蛾*Kentrochrysalis streckeri*

164. 目天蛾属 *Smeritus* Latreille, 1802

（195）蓝目天蛾 *Smeritus planus* Walker, 1856

体长25～37mm，翅展80～100mm，体灰黄色、灰蓝色至淡褐色。触角淡黄色，胸部背板中央褐色。前翅狭长，外缘波状，翅面有波浪纹，翅基部约1/3处色淡，中间有1个浅色新月形斑，穿过褐色内线向臀角突伸一长角，其余端有黑纹相接；中室上方有一小"丁"字形浅纹，其外侧有1条褐色横线，外线褐色波状；外缘自顶角以下至外缘中部色深，略呈"弓"字形大褐斑。后翅浅黄褐色，中央紫红色，有一深蓝色大圆形目斑，蓝色圈相连，周围黑色，目斑上方粉红色；后翅背面蓝目斑不显著。

分布：甘肃、陕西、宁夏、内蒙古、北京、河北、河南、山西、山东等。

寄主：杨柳科柳属、杨属，蔷薇科，胡桃科胡桃属等。

图8-28 蓝目天蛾 *Smeritus planus*

165. 白薯天蛾属 *Herse* Hübner, 1819

（196）甘薯天蛾 *Herse convolvuli* (Linnaeus, 1758)

体长43～52mm，翅展90～120mm；雄蛾触角栉齿状，雌蛾触角棍棒状，末端膨大。体翅暗灰色，上有许多锯齿状纹和云状斑纹；肩板有黑色纵线；腹部背面灰色，两侧各节有白、红、黑3条横线，前翅内横线、中横线及外横线各为2条深棕色的尖锯齿状带，顶角有黑色斜纹；后翅有4条暗褐色横带，缘毛白色及暗褐色相杂。

分布：全国各地。

寄主：薯蓣科、天南星科魔芋属等。

图8-29 甘薯天蛾 *Herse convolvuli*

166.六点天蛾属 *Marumba* Moore, 1882

（197）椴六点天蛾 *Marumba dyras* (Walker, 1856)

体长33～37mm，翅展79～90mm，体灰黄褐色。头及胸部背线暗棕褐色，肩板两侧色稍浅。前翅黄褐色，翅基棕色，直至内横线外侧，内横线不甚明显，中横线较直，棕褐色，中横线与内横线间有一黄褐色宽带，外横线与亚缘线的下部向后缘迂回弯曲，两线间色较浅，故前翅上形成3条较宽的黄褐色横带，后角近后缘处有1块暗褐色斑，稍上方又有1个暗褐色圆点，中室上有一较小的灰褐色点，连同脉纹形成1条暗褐色纹。后翅淡褐色，后角附近有2个相连的暗褐色斑。腹部背线较细，各节间有灰黄色横环。

分布：甘肃、辽宁、黑龙江、吉林、河北、北京。

寄主：鼠李科枣属、桑科榕属、锦葵科等。

图8-30　椴六点天蛾 *Marumba dyras*

167.背线天蛾属 *Cechenena* Rothschild & Jordan, 1903

（198）条背天蛾 *Cechenena lineosa* (Walker, 1856)

翅展95～110mm，体橙灰色。头及肩板两侧有白色鳞毛；触角背面灰白色，腹面棕黄色；胸部背面灰褐色，有棕黄色背线。前翅自顶角至后缘基部有橙灰色斜纹，前缘部位有黑斑，翅基部有黑、白间杂的毛丛，中室端有黑点，顶角尖部黑色。后翅黑色，有灰黄色横带。前后翅反面橙黄色，外缘灰褐色，顶角内侧前缘上有黑斑，各横线灰黑色。腹部背面有棕黄色背线，两侧有灰黄色及黑色斑，腹面灰白色，两侧橙黄色。

分布：甘肃、陕西、湖北、广东、广西、重庆、四川。

寄主：葡萄科葡萄属、乌蔹莓属，凤仙花科等。

图8-31　条背天蛾 *Cechenena lineosa*

168.白眉天蛾属 *Hyles* Hübner, 1819

（199）八字白眉天蛾 *Celerio lineata livornica* (Esper, 1779)

体长33～39mm，翅展66～82mm。体背灰绿色至墨绿色。头胸两侧有白条，雄蛾肩片内侧也有白条。腹背各节具黑白相间的斑点；腹部基节两侧白色，有2对较大黑斑。前翅茶褐色至黑褐色；翅前缘和外缘灰褐色；翅顶角至后缘中部的黄白色斜带较整齐。后翅前缘及外缘有黑带；中部红色；臀角白色；缘毛白色。

分布：甘肃、宁夏、陕西、河北、黑龙江、江西、浙江。

寄主：葡萄科葡萄属、蓼科、锦葵科、胡颓子科胡颓子属、大戟科等。

图8-32　八字白眉天蛾 *Celerio lineata livornica*

169.黄脉天蛾属 *Amorpha* Hübner, 1809

（200）黄脉天蛾 *Amorpha amurensis* Staudinger, 1892

体长35～42mm，翅展80～90mm。体翅灰褐色，翅上斑纹不明显，内、外横线由2条黑棕色波状纹组成，外缘自顶角到中部有棕黑色斑，翅脉被黄褐色鳞，较明显，各翅脉端部向外突出形成锯齿状外缘；后翅颜色与前翅相同，横脉黄褐色明显。

分布：甘肃、内蒙古、黑龙江、吉林、辽宁、新疆。

寄主：杨柳科杨属、桦木科、壳斗科等。

图8-33　黄脉天蛾 *Amorpha amurensis*

（六十一）凤蝶科 Papilionidae

170. 凤蝶属 *Papilio* Linnaeus, 1758

（201）美凤蝶大陆亚种 *Papilio memnon agenor* Linnaeus, 1758

翅展76mm左右。雄蝶翅正面蓝黑色，基半部色深，呈天鹅绒状；前翅反面中室基部有一大红斑，该斑有时在前翅正面亦出现；后翅无尾突，反面基部红斑常被翅脉分割为几个小红斑，亚外缘有2列外围蓝环的黑斑，在臀角处的蓝环成为红色。雌蝶多种类型，分有尾型和无尾型，有尾型前翅基部除中室有红斑外，其余部分为灰白色；后翅黑色，有白色中域斑，边缘红色。无尾型后翅基部黑色，中室外各室白色，边缘有黑色圆斑。

分布：甘肃、江西、海南、广东、福建、浙江、湖北、湖南、广西、四川、台湾。

寄主：芸香科。

（202）碧凤蝶指名亚种 *Papilio bianor bianor* (Cramer, 1777)

前翅长74～80mm。体翅黑色，布有金绿色鳞片。前翅端半部色淡，翅脉间多散布金绿色鳞片；后翅尾突长，基半部紫蓝色，端半部金绿色，亚外缘有6个暗红色和蓝色飞鸟形斑，臀角有一半圆形暗红斑。雌雄相似，但雄蝶前翅中室后方各脉上有黑褐色长柔毛性标，形成一绒块，其不与中室靠近。翅反面基半部有白色鳞片，斑纹非常明显，飞鸟形斑橘红色。

分布：全国各地。

寄主：芸香科、樟科。

图8-34　碧凤蝶指名亚种 *Papilio bianor bianor*

（203）柑橘凤蝶指名亚种*Papilio xuthus xuthus* (Linnaeus, 1767)

翅展70～80mm。背面、腹面和体侧有黑色直条纹。翅黄绿色或黄色，脉纹及两侧黑色，外沿有黑色宽带，带中有8个黄绿色新月形斑带，近中部有8个大体上由小到大的黄绿色斑、条组成的横带，中室脉纹黄绿色，内有4条黄绿色条纹（端部成虚线状），中室端有1条黄绿色短条纹；后翅外缘有6个新月形斑，近外缘处黑带中散生蓝色鳞片，臀角斑橙色中央嵌黑点，圆形，脉纹黑色。雄蝶色较艳。

分布：安徽、河北、陕西、山东、河南、黑龙江、吉林、甘肃。

寄主：芸香科。

图8-35 柑橘凤蝶指名亚种 *Papilio xuthus xuthus*

（204）金凤蝶中华亚种*Papilio machaon venchuanus* Linnaeus, 1758

雌、雄蝶同型，翅之底色为黑色，斑纹黄色或淡黄绿色。前翅亚外缘有1列半球或椭圆形斑纹，中域有1列长形斑纹，中室内有2个大斑纹，翅基散布有黄色鳞粉；后翅中域有一大块黄色斑纹直达臀区，臀角有1个橙色斑，亚外缘有1列呈新月形黄色斑纹，两斑纹中间有1列新月形蓝色斑纹，尾突细长。翅反面斑纹和正面相同，但翅色较正面浅。

分布：全国各地。

寄主：唇形科、伞形科等。

图8-36 金凤蝶中华亚种 *Papilio machaon venchuanus*

171.绢蝶属 *Parnassius* Latreille, 1804

（205）白绢蝶 *Parnassius stubbendorfii* (Ménétriès, 1849)

中型，体黑色，触角短。翅淡黄白色，半透明状，翅脉明显黑色，前翅中室中央及横脉上各具1个暗色长形横斑，后翅内缘区暗黑色，前翅没有任何斑纹。雄蝶腹部侧面软毛灰白色。

分布：陕西、青海、甘肃、西藏。

寄主：罂粟科紫堇属等。

图8-37　白绢蝶 *Parnassius stubbendorfii*

（206）冰清绢蝶 *Parnassius glacialis* Butler, 1866

翅展55～65mm。成虫体黑色，翅白色，半透明，翅脉灰黑褐色。前翅外缘及亚外缘微现灰色横带，中室端和中室内各有1枚隐现的灰色横斑；后翅后缘为1条纵的宽黑带；中室端和中室内显灰色斑；反面似正面。

分布：浙江、黑龙江、吉林、辽宁、河南、山东、山西、陕西、甘肃、贵州、云南、新疆、北京。

寄主：罂粟科紫堇属等。

图8-38　冰清绢蝶 *Parnassius glacialis*

（207）珍珠绢蝶*Parnassius orleans* Oberthür, 1890

翅白色，翅脉淡黄色。前翅翅面外缘边饰黑色线纹，灰褐色半透明，亚外缘有锯齿状黑带，中室内有2个黑斑，中室外和后缘中部有3个外围黑边的红斑；后翅翅面外缘带狭窄半透明，内侧有4个扁形黑斑，中间有2个外围黑环的红斑，翅基及内缘区黑色，臀角有2个外围黑环的蓝斑。腹面斑纹与背面类似。

分布：四川、陕西、甘肃、青海、西藏。

寄主：景天科。

图8-39　珍珠绢蝶*Parnassius orleans*

（208）君主绢蝶兰州亚种*Parnassius imperator gigas* Kotzsch, 1883

翅白色发绿，翅脉黄褐色。前翅正面外缘具宽半透明带。亚外缘半透明带锯齿状，翅中部有1条黑色横带；中室端和中室内各具1个大形黑斑；翅基散生黑鳞；后翅前缘基部、前缘中部及翅中各有1个黑圈内红心白的三色斑。臀角处具两外围黑环的大蓝斑，靠顶角为1条断续黑条纹，翅基及后缘为连片大黑斑，外方另有1条黑色横条纹。翅反面同正面，只后翅基部有3～4个红斑。

分布：青海、甘肃、四川、云南、西藏。

寄主：罂粟科紫堇属等。

图8-40　君主绢蝶兰州亚种*Parnassius imperator gigas*

（六十二）粉蝶科Pieridae

172.豆粉蝶属Colias Fabricius, 1807

（209）斑缘豆粉蝶指名亚种Colias erate erate Esper, 1805

体长约18mm，翅展约45mm。体型中等。触角呈锤状，顶端膨大，紫红色。前翅基半部火黄色，靠近前缘处有一小黑圆斑；外半部黑色，有6个黄色斑。后翅基半部黑褐色，具黄色粉霜，中央缀有一火黄色圆斑；外缘1/3呈黑色，有6个黄色圆点。前足正常，不短小。

分布：甘肃、黑龙江、辽宁、山西、陕西、河南、湖北、江苏、浙江、福建、云南、新疆、西藏。

寄主：豆科。

图8-41　斑缘豆粉蝶指名亚种 Colias erate erate

（210）橙黄豆粉蝶Colias fieldii Ménétriès, 1855

雌雄异型。翅橙红色，前后翅缘毛粉红色，外缘有黑色宽带。雌蝶在黑带内1列橙黄色斑纹，雄蝶则无；前翅中室端有1枚黑斑，后翅中室端有1枚橙黄色斑；反面颜色稍淡，前翅亚外缘有1列黑点，中室端斑内有白点，后翅中室端斑银白色边缘饰以粉红色线。

分布：宁夏、甘肃、陕西、青海、吉林、山西、山东、河南、湖北、江西、广西、四川、云南。

寄主：豆科。

图8-42　橙黄豆粉蝶 Colias fieldii

（211）黎明豆粉蝶*Colias heos* (Herbst, 1792)

体中大型，是豆粉蝶中体形较大者。背面雄蝶翅面曙红色，前翅中室端斑黑色，翅外缘有黑带，内侧锯齿状，翅脉黑色，后翅基部有明显椭圆形性标，中室端斑色淡，外缘有黑带。腹面黄绿色，前后翅中室端斑瞳点白色。雌蝶翅色有白绿色、橙黄色、橙红色、黑色。

分布：北京、河北、内蒙古、黑龙江、辽宁、甘肃。

寄主：豆科。

图8-43 黎明豆粉蝶 *Colias heos*

（212）山豆粉蝶*Colias montium* Oberthür, 1886

中型粉蝶。翅豆绿色，背面前翅中室端斑黑色，较大，外缘黑边宽阔，内有黄绿色斑7枚，中部第5枚常消失，后翅外角处有一大块黑斑，基部附近覆有黑色鳞片；缘毛红色；腹面后翅黄绿色，雌蝶色浅，后翅中室端有大白斑。

分布：四川、甘肃、青海。

寄主：豆科。

图8-44 山豆粉蝶*Colias montium*

（213）女神豆粉蝶 *Colias diva* Grum-Grshimailo, 1891

中型粉蝶。背面雄蝶前翅暗红色，中室端斑黑色，翅外缘带黑色，后翅性标粉黄色，长圆形，中室端斑色浅，雌蝶有多种颜色，豆绿色、橙黄色为主。

分布：甘肃、青海。

寄主：豆科。

173. 黄粉蝶属 *Eurema* Hübner, 1819

（214）宽边黄粉蝶 *Eurema hecabe* Linnaeus, 1758

翅展46～50mm，头、胸黑色，有灰白毛。腹部背面黑色，腹面黄色；前翅黄色，端带黑色宽带，其内缘呈波状；后翅黄色，后缘区色淡，端部具黑色窄边，从翅顶达2脉处：其内缘翅脉黑色，臀角处3个小黑点。翅反面黄色，翅缘散布小黑点，前翅中室端脉暗褐色不清晰；后翅反面后中域具不清晰的黑褐色纹。虫体大小、色斑的深浅因各地区和旱湿季而变异。

分布：甘肃、云南、陕西、河南、湖南、江西、广东、西藏。

寄主：豆科、大戟科等。

图8-45　宽边黄粉蝶 *Eurema hecabe*

174.钩粉蝶属 *Gonepteryx* Leech, 1815

（215）尖钩粉蝶 *Gonepteryx mahaguru* (Gistel, 1857)

中型粉蝶。雄蝶前翅背面淡黄色，前缘和外缘有红褐色脉端纹，后翅为淡绿色，前后翅的橙红色中室端圆斑较小，后翅下缘呈锯齿状，腹面为黄白色，后翅中上部的膨大脉纹相对较细，雌蝶斑纹与雄蝶相似，但翅背面底色为淡绿色。

分布：浙江、河北、四川、东北、甘肃。

寄主：鼠李科。

图8-46 尖钩粉蝶 *Gonepteryx mahaguru*

（216）钩粉蝶 *Gonepteryx rhamni* (Linnaeus, 1758)

体中型，前翅长24～29mm，比同类大，后翅Rs脉明显粗大，中室端的橙色点较大，大于其他近似种类，外缘红点也大于其他近似种类。雄翅深柠檬色，后翅淡黄色，雌翅面银白色，反面黄白色，中室端斑淡紫色，后翅Cu脉端尖出不明显。

分布：甘肃、四川、西藏、新疆。

寄主：鼠李科。

图8-47 钩粉蝶 *Gonepteryx rhamni*

175. 绢粉蝶属 *Aporia* Hübner, 1819

（217）绢粉蝶 *Aporia crataegi* Linnaeus, 1758

体中型，前翅长 27～35mm，前后翅略呈长圆形，翅白色发黄，其他翅脉及外缘黑色，翅面无斑纹，仅前翅外缘脉端略呈灰暗色三角斑。翅的反面白色。体和触角黑色。

分布：宁夏、甘肃、内蒙古、新疆、青海、西藏、吉林、黑龙江、陕西、北京、河北、山西、辽宁、浙江、安徽、山东、河南、湖北、四川。

寄主：蔷薇科、榆科榆属等。

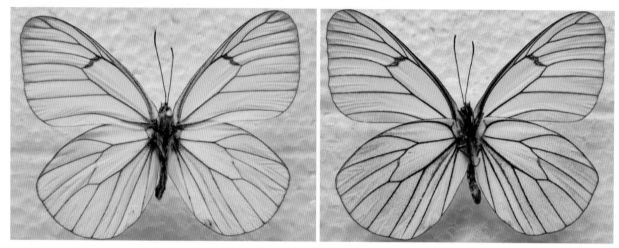

图8-48　绢粉蝶 *Aporia crataegi*

（218）小檗绢粉蝶甘肃亚种 *Aporia hippia taupingi* (Bremer, 1861)

前翅长 31mm，翅灰白色或淡黄色。脉纹黑色加宽，顶角及外缘褐色；翅反面前翅顶角及后翅灰黄色，后翅基角有一橙色斑。

分布：黑龙江、吉林、辽宁、甘肃、河南、云南、西藏、台湾。

寄主：小檗科。

图8-49　小檗绢粉蝶甘肃亚种 *Aporia hippia taupingi*

（219）暗色绢粉蝶西北亚种*Aporia bieti lihsieni* (Oberthür, 1884)

体中型，翅脉及其附近黑色，翅面满布黑色鳞粉，使全体呈暗褐色。后翅翅脉两侧褐色加宽，反面黄色，脉纹清晰。

分布：宁夏、甘肃、新疆、青海、西藏、陕西、四川、贵州、云南。

寄主：蔷薇科。

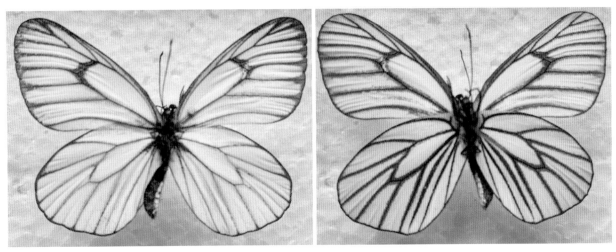

图8-50　暗色绢粉蝶西北亚种 *Aporia bieti lihsieni*

（220）箭纹绢粉蝶甘肃亚种*Aporia procris sinensis* Leech, 1890

前翅长30mm，翅黄绿色。前翅外缘黑色，亚外缘色淡；后翅各室有细小的箭形纹，翅反面更明显。

分布：新疆、甘肃、陕西、西藏、四川、云南、河南。

寄主：蔷薇科。

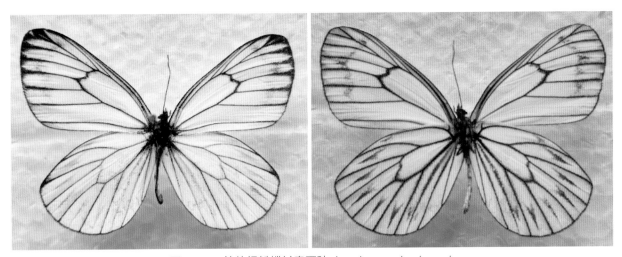

图8-51　箭纹绢粉蝶甘肃亚种 *Aporia procris sinensis*

176.粉蝶属*Pieris* Schrank, 1801

（221）欧洲粉蝶*Pieris brassicae* (Linnaeus, 1758)

体中型，和菜粉蝶相似，稍大。前翅斑纹特大而明显，顶角黑斑内缘成圆弧状。后翅微带黄色。前缘中部有1个黑斑。

  分布：新疆、陕西、甘肃。

  寄主：十字花科。

图8-52 欧洲粉蝶 *Pieris brassicae*

（222）菜粉蝶*Pieris rapae* (Linnaeus, 1758)

体黑色，胸部密被白色和灰黑色长毛；翅白色或淡黄色。雌虫前翅前缘和基部多为黑色，顶角有1个三角形黑斑，中部有2个黑色圆斑。后翅基部淡灰黑色，有1个黑斑，翅展时前翅的黑斑相连接。

  分布：全国各地。

  寄主：十字花科。

图8-53 菜粉蝶 *Pieris rapae*

（223）东方菜粉蝶西北亚种 *Pieris canidia mars* (Bang-Hass, 1927)

翅白色，前后翅基部散布黑色鳞；前翅前缘黑色，顶角黑斑与外缘的黑色斑点相连，外中域有2枚黑斑，后面1枚有时模糊；后翅前缘有1枚较大的黑斑，外缘有数枚小黑斑。雌蝶翅面斑纹通常比雄蝶发达。

分布：宁夏、甘肃。

寄主：十字花科。

图8-54　东方菜粉蝶西北亚种 *Pieris canidia mars*

（224）黑纹粉蝶 *Pieris melete* (Ménétriès, 1857)

翅展达50～65mm。成虫雄蝶翅白色，脉纹黑色。前翅脉纹、顶角及后缘均黑色，近外缘的2枚黑斑较大，且下面的1枚黑斑与后缘的黑带相连；后翅前缘外方有1枚黑色圆斑：翅的反面、前翅顶角及后翅具黄色鳞粉，后翅基角处有1枚橙黄色斑点，雌蝶翅基部淡黑褐色，色斑及后边末端条纹扩大，其余同雄蝶。

分布：甘肃、浙江、黑龙江、河南、江西、云南、青海、西藏。

寄主：十字花科。

图8-55　黑纹粉蝶 *Pieris melete*

（225）大展粉蝶*Pieris extensa* (Poujade, 1888)

翅正面白色。前翅顶角区黑色，内缘锯齿形；中室下缘脉加粗；M_3 及 Cu_2 室各有1个黑色斑纹，有时模糊；反面顶角区淡黄色。后翅前缘区近顶角处黑色斑纹大；反面有淡黄色晕染；肩角区黄色。雌蝶较雄蝶的斑纹更显粗重。后翅正面外缘区有1列近圆形黑斑。

分布：陕西、甘肃、湖北、四川、云南、西藏。

寄主：十字花科。

图8-56　大展粉蝶 *Pieris extensa*

177. 云粉蝶属*Pontia* Fabricius, 1807

（226）绿云粉蝶*Pontia chloridice* (Hübner, 1813)

前翅长18mm。雄蝶前翅正面白色，顶角至外缘脉有3个深褐色斑，中室端黑斑中有浅色线；反面前后翅斑纹黄褐色，中室外的各脉纹两侧条斑的亚外缘处相连成带。

分布：宁夏、新疆、甘肃。

寄主：十字花科。

图8-57　绿云粉蝶 *Pontia chloridice*

（227）云粉蝶*Pontia daplidice* Linnaeus, 1758

体中小型，翅白色，前翅中室端部黑色，顶角有7个成组黑斑；后翅外缘有同样成组黑斑；雄基部白色，雌有淡黑色云状斑。翅反面斑纹墨绿色，前翅图案同正面，后翅中室周围有连续斑组成圈环，圆形，外缘有4个楔形斑。

分布：全国各地。

寄主：十字花科及豆科牧草。

图8-58 云粉蝶 *Pontia daplidice*

（228）箭纹云粉蝶*Pontia callidice* (Hübner, 1800)

前翅长27mm，翅面青白色，脉纹灰褐色。外缘褐斑呈楔形，亚外缘有间断的灰褐带，中室端具长方形黑斑；后翅可透见反面的斑纹，外缘脉纹呈箭状。

分布：新疆、西藏、甘肃。

寄主：十字花科。

图8-59 箭纹云粉蝶 *Pontia callidice*

178. 襟粉蝶属Anthocharis Boisduval, 1833

（229）黄尖襟粉蝶Anthocharis scolymus Butler, 1866

翅白色，前翅中室端有1枚黑斑，顶角尖出，有3枚黑斑；雄蝶其中有1枚橙黄色斑，雌蝶则无；反面前翅顶角斑为灰绿色，后翅布满不规则的灰绿色密纹，亚外缘区色淡。

分布：甘肃、黑龙江、吉林、辽宁、北京、青海、陕西、河北、河南、湖北、上海、浙江、安徽、福建。

寄主：十字花科。

图8-60　黄尖襟粉蝶Anthocharis scolymus

（230）红襟粉蝶Anthocharis cardamines (Linnaeus, 1758)

前翅长17～26mm，翅白色。前翅顶角及脉端黑色，中室端有1个肾形黑斑，雄蝶前翅端半部为橙红色。雌蝶白色，后翅反面有从正面便可透视的淡绿色云状斑。

分布：陕西、黑龙江、吉林、山西、河南、宁夏、甘肃、青海、新疆、江苏、浙江、湖北、福建、四川、西藏。

寄主：十字花科。

图8-61　红襟粉蝶 Anthocharis cardamines

179.小粉蝶属*Leptidea* Billberg, 1820

（231）突角小粉蝶*Leptidea amurensis* (Ménétriès, 1859)

体小型。本种有春、夏两型，春型小，夏型大。体纤细且长；翅白色，前缘外观近直线形，顶角突出明显，其上有明显的大卵圆形黑色斑。

分布：黑龙江、辽宁、河北、山东、山西、陕西、河南、甘肃、宁夏、新疆。

寄主：豆科。

图8-62　突角小粉蝶 *Leptidea amurensis*

（232）莫氏小粉蝶*Leptidea morsei* (Fenton, 1882)

翅白色。前翅顶角较圆；顶角区黑斑明显。后翅无斑纹，或仅有灰色斑驳点。雄蝶夏型斑纹明显，春型和雌蝶斑纹不明显。

分布：陕西、黑龙江、吉林、北京、河北、河南、甘肃、新疆。

寄主：豆科。

图8-63　莫氏小粉蝶 *Leptidea morsei*

（六十三）蛱蝶科Nymphalidae

180.闪蛱蝶属*Apatura* Fabricius, 1807

（233）柳紫闪蛱蝶*Apatura ilia* (Denis et Schiffermüller, 1775)

棕色型翅棕黄色，雄蝶翅面具紫色反光，前翅中室内有4枚黑点，中室端外有3枚相连的浅色斑，顶角附近有2枚白斑，上方1枚较大，外中区有1列暗色斑，其中M_3室有1枚白点，Cu_1室为1个眼状斑，Cu_1室基部及其下方各有1枚浅色斑；后翅有1条浅黄白色中带，外中区有1列暗色斑，其中Cu_1室为1个眼状斑，中室内有1枚小黑点。反面为浅土黄色，斑纹与正面相似，但外中区的黑斑较退化，后翅仅保留暗褐色斑纹，前翅中域白斑内侧均有黑色阴影。黑色型个体翅面黑褐色，斑纹与棕色型类似。以幼虫越冬。

分布：辽宁、陕西、河北、河南、宁夏、甘肃、云南、四川。

寄主：杨柳科。

图8-64　柳紫闪蛱蝶 *Apatura ilia*

（234）细带闪蛱蝶*Apatura metis* Freyer, 1829

本种与柳紫闪蛱蝶（*A. ilia*）近似，主要区别为：本种后翅中横带细，外缘凹凸不平。

分布：陕西、吉林、辽宁、河北、山西、甘肃、江苏、江西、湖南、福建、云南等。

寄主：杨柳科。

图8-65　细带闪蛱蝶 *Apatura metis*

（235）曲带闪蛱蝶*Apatura laverna* Leech, 1893

雄蝶正面有紫色闪光，雌蝶底色黑色或棕色，前后翅均有淡色中带。与柳紫闪蛱蝶的区别在于：后翅中带外缘光滑，没有楔形突出。

分布：全国各地。

寄主：杨柳科。

图8-66　曲带闪蛱蝶 *Apatura laverna*

181.豹蛱蝶属*Argynnis* Fabricius, 1807

（236）绿豹蛱蝶*Argynnis paphia* (Linnaeus, 1758)

雌雄异型。雄蝶正面橙黄色，前翅翅脉上有4条粗长的黑色性标；雌蝶翅正面为橙褐色或灰绿色，黑斑比雄蝶发达。前翅中室内有4条短纹，翅端部有3列黑色圆斑；后翅中部有1条不规则的波状横线，端部有3列圆斑。反面前翅有波状的中横线，端部有3列黑色圆斑，顶端部灰绿色；后翅灰绿色，有金属光泽，无黑斑，基部到中部有3条白色斜线，亚外缘有白色线及眼斑。

分布：陕西、吉林、辽宁、河北、山西、甘肃。

寄主：堇菜科。

图8-67　绿豹蛱蝶 *Argynnis paphia*

182.老豹蛱蝶属*Argyronome* Hübner, 1819

（237）老豹蛱蝶*Argyronome laodice* Pallas, 1771

雄蝶翅橙黄色，前翅Cu_2、2A脉上各有1个黑色性标，中室内有1枚黑线围成的肾形斑，外侧另有2枚黑斑；后翅中室端有1枚黑斑。前后翅中带为1列曲折排列的黑斑，外中区、亚外缘及外缘各有1列黑斑。反面前翅中部黑斑发达，中室中部为一垂直前缘的黑色线纹，后翅基半部的2条红棕色线互相平行。雌蝶与雄蝶相似，但前翅顶角附近有1枚小白斑。

分布：全国各地。

寄主：堇菜科。

图8-68　老豹蛱蝶 *Argyronome laodice*

183.银豹蛱蝶属*Childrena* Hemming, 1943

（238）银豹蛱蝶*Childrena childreni* Gray, 1831

翅正面橙黄色，密布黑色豹纹；外缘带黑色；亚外缘及亚缘各有1列近圆形斑纹。前翅亚顶区前缘有1个三角形斑纹；中横斑列"Z"形；中室有4条黑色波状斑；雄蝶Cu_1、Cu_2、2A脉各有1条黑色性标；反面顶角区赭绿色，椭圆形白环两端断开；亚顶区淡黄色。后翅正面翅端缘的中下部蓝灰色（雌蝶较宽），中横斑列"V"形，反面赭绿色；密布银白色网状纹，缘线黑色；银白色外横带直；臀角内侧凹入。

分布：陕西、辽宁、北京、河北、河南、浙江、湖北、江西、湖南、福建、广东、广西、四川、贵州、云南、甘肃、西藏。

寄主：堇菜科。

图8-69 银豹蛱蝶 *Childrena childreni*

184.斑豹蛱蝶属*Speyeria* Scudder, 1872

（239）银斑豹蛱蝶*Speyeria aglaja* (Linnaeus, 1758)

体中型，前翅长25～30mm，前翅有3条性标，外缘有2条黑线纹，亚缘有1列新月黑斑，前中室有波浪形黑条纹。后翅中域有波状黑带，反面后翅亚缘白斑列内侧无眼状斑分布。

分布：宁夏、甘肃、新疆、青海、西藏、辽宁、吉林、黑龙江、陕西、河北、山西、山东、河南、四川、云南。

寄主：菊科、豆科等。

图8-70 银斑豹蛱蝶 *Speyeria aglaja*

185. 福蛱蝶属 *Fabriciana* Reuss, 1920

（240）蟾福蛱蝶 *Fabriciana nerippe* (Felder et Felder, 1862)

翅橙黄色；斑纹黑色；外缘及亚缘斑纹间有细线纹相连。前翅中横斑列"Z"形；中室有4条黑色横纹；Cu$_1$脉上有性标；反面顶角区黄绿色，雌蝶此区域有1个白色"0"形圈纹。后翅正面中横带曲波状；外横斑列近圆形；M$_1$及M$_3$室斑纹多缺失；中室端部有1个条斑；反面覆有绿色晕染；外横眼斑列墨绿色，瞳点灰白色；中横斑列及基半部散布的斑纹银白色，有珍珠光泽。

分布：陕西、黑龙江、河南、宁夏、甘肃、浙江、湖北。

寄主：堇菜科。

图8-71 蟾福蛱蝶 *Fabriciana nerippe*

（241）灿福蛱蝶 *Fabriciana adippe* (Denis et Schiffermüller, 1775)

翅展65~70mm。翅面橙黄色，有黑色斑纹；雄蝶前翅中室有4条弯曲的条纹，亚缘区有1列黑色圆斑，共6个；后翅中室有2条黑色斑纹，亚缘区有黑色圆斑5个；雌蝶翅面色淡，前翅顶角处有银斑。

分布：宁夏、甘肃、陕西、青海、西藏、吉林、黑龙江、江苏、江西、山东、河南、湖北、四川、贵州、云南。

寄主：堇菜科。

图8-72 灿福蛱蝶 *Fabriciana adippe*

186.珍蛱蝶属*Clossiana* Reuss, 1920

（242）珍蛱蝶*Clossiana gong* (Oberthür, 1884)

翅橙黄色；斑纹黑色或银白色；正面外缘、亚外缘及亚缘斑列近平行排列；基部黑褐色，密被鳞毛；反面翅端部白色樱形纹和橙黄色或橙红色指状纹镶嵌套叠排列。前翅中横斑列近"Z"形；中室有4个斑纹。后翅正面中横带齿状，中室有1个点状斑；反面亚缘斑列多有白色眼点；中室斑点黑色；周缘放射状排列1圈大小及形状不一的银白色斑纹。

分布：甘肃、陕西、河北、山西、河南、青海、四川、云南、西藏。

寄主：杜鹃花科。

图8-73　珍蛱蝶 *Clossiana gong*

187.宝蛱蝶属*Boloria* Moore, 1900

（243）龙女宝蛱蝶*Boloria pales* (Denis et Schiffermüller, 1775)

前翅亚缘斑列错位，分成两段，下半段内移。后翅反面M_3室黄色斑纹有缺口。

分布：甘肃、陕西、黑龙江、吉林、青海、新疆、台湾、四川、云南、西藏。

寄主：堇菜科。

图8-74　龙女宝蛱蝶 *Boloria pales*

188.珠蛱蝶属*Issoria* Hübner, 1819

（244）曲斑珠蛱蝶*Issoria eugenia* (Eversmann, 1847)

翅正面橙黄色；斑纹黑色或银白色。前翅外缘与亚外缘斑列之间有1列白色斑纹；亚缘斑列下部内移；中横斑列"Z"形；中室条斑4条。后翅正面亚缘及中横斑列近"V"形；中室端部有1个斑纹；基部及后缘密布棕黑色长毛；反面覆有暗绿色晕染；外缘及亚缘斑列银白色；其余翅面散布数个银白或黄色斑纹；M₃室基部有1个银白色大斑，近三角形；翅面银白色斑纹均有珍珠光泽。

分布：陕西、甘肃、新疆、四川、云南、西藏。

寄主：杜鹃花科。

图8-75　曲斑珠蛱蝶 *Issoria eugenia*

189.线蛱蝶属*Limenitis* Fabricius, 1807

（245）蓝线蛱蝶*Limenitis dubernardi* Oberthür, 1903

后翅正面亚缘无红线，3条线均为蓝色；白色横带窄而直，反面区别更明显。

分布：西藏、四川、甘肃。

寄主：杨柳科。

图8-76　蓝线蛱蝶 *Limenitis dubernardi*

（246）扬眉线蛱蝶*Limenitis helmanni* Lederer, 1853

翅正面黑褐色，前翅中室后缘有1枚条状白斑，其外侧另有1枚近三角形白斑，外中斑列白色，其中 M_3 室及 Cu_1 室为近圆形白斑，亚顶区有数枚小白斑，亚外缘具1列窄白斑，外缘斑列为暗褐色，不清晰；后翅具1条白色中带，亚外缘斑列为窄白斑，外缘斑列不清晰。反面底色为红棕色，斑纹与正面接近，但前翅 M_3 室至 Cu_2 室外中斑列内侧具黑褐色阴影区，后翅基部灰白色，上有数枚黑点，中带外侧具1列深棕色斑，前后翅外缘斑列为白色，触角末端为亮黄色而非棕红色。

分布：陕西、甘肃。

寄主：忍冬科。

图8-77　扬眉线蛱蝶 *Limenitis helmanni*

（247）戟眉线蛱蝶*Limenitis homeyeri* Tancré, 1881

与扬眉线蛱蝶（*L. helmanni*）近似，主要区别为：本种前翅中横斑列 M_3 室斑纹小。后翅中横带外缘平直，雄蝶亚缘斑清晰。

分布：陕西、黑龙江、吉林、辽宁、山西、河南、浙江、江西、四川、云南、甘肃。

寄主：忍冬科。

图8-78　戟眉线蛱蝶 *Limenitis homeyeri*

190. 缕蛱蝶属 *Litinga* Moore, 1898

（248）缕蛱蝶 *Litinga cottini* (Oberthür, 1884)

翅黑褐色；斑纹淡黄色或白色。翅端部前翅2列、后翅3列斑纹，时有模糊；两翅中域条斑围绕中室放射状排列。前翅 Cu_2 室条斑前端开叉；中室棒纹粗；前翅亚顶区及后翅反面肩区有3个斑纹。

分布：陕西、吉林、辽宁、河南、湖北、广西、四川、云南、甘肃。

寄主：大麻科朴属。

图8-79　缕蛱蝶 *Litinga cottini*

191. 蔀蛱蝶属 *Patsuia* Moore, 1898

（249）中华黄蔀蛱蝶 *Patsuia sinensis* (Oberthür, 1876)

翅正面黑褐色；反面前翅黑褐色，后翅黄色；斑纹黄色；两翅外缘及亚外缘带模糊不清。前翅顶角区有4个斑纹；外横斑列分成3段；中室端部和中部各有1个条斑；反面顶角区黄色。后翅外横斑列弧形；基部有1个黄色大圆斑；反面中横带红褐色，近"V"形，边界模糊。

分布：陕西、辽宁、河北、内蒙古、山西、河南、甘肃、四川、云南。

寄主：杨柳科杨属。

图8-80　中华黄蔀蛱蝶 *Patsuia sinensis*

192. 环蛱蝶属 Neptis Fabricius, 1807

（250）单环蛱蝶 Neptis rivularis (Scopoli, 1763)

本种显著特征为中室条串珠形。翅正面黑褐色；反面红褐色；斑纹白色。前翅有亚顶斑和亚前缘斑；后半部斑纹曲棍球杆状；外缘及亚外缘斑列时有断续。后翅正面仅有较宽的中横斑列；反面外缘及亚外缘斑列清晰。

分布：陕西、黑龙江、吉林、辽宁、河北、河南、台湾、四川、甘肃。

寄主：菊科、蔷薇科、豆科等。

图8-81　单环蛱蝶 Neptis rivularis

（251）重环蛱蝶 Neptis alvina (Bremer et Grey, 1852)

前翅亚顶区斑列"V"形；中室条前缘锯齿状。后翅反面亚基条完整。

分布：陕西、辽宁、北京、河北、河南、江西、四川、甘肃。

寄主：蔷薇科。

图8-82　重环蛱蝶 Neptis alvina

193. 麻蛱蝶属 *Aglais* Dalman, 1816

（252）荨麻蛱蝶甘肃亚种 *Aglais urticae kansuensis* (Linnaeus, 1758)

翅橘红色。前翅前缘黄色，有3块黑斑，后缘中部有1个大黑斑，中域有2个较小黑斑；后翅基半部灰色。两翅亚缘黑色带中有淡蓝色三角形斑列。反面前翅黑褐色，3个黑色前缘斑与正面一样，顶角和前缘带黑色；后翅褐色，基半部黑色。外缘有模糊的蓝色新月纹。

分布：黑龙江、山西、陕西、青海、甘肃、云南、四川、西藏、广西、新疆、广东。

寄主：荨麻科、桑科。

图8-83　荨麻蛱蝶甘肃亚种 *Aglais urticae kansuensis*

194. 红蛱蝶属 *Vanessa* Fabricius, 1807

（253）大红蛱蝶 *Vanessa indica* (Herbst, 1794)

前翅顶角突出，端半部黑色，顶角附近有数枚小白斑，中室端外侧有3枚相连的白斑，基区及后缘为棕灰色，中部为1条宽阔的橙红色斜带，其上有3枚不规则的黑斑；后翅棕灰色，亚外缘橙红色，内侧及其上各有1列黑斑，臀角黑斑上有蓝灰色鳞片。前翅反面斑纹与正面相似，但顶角为棕绿色，有浅色的亚外缘线，中室端部有1条蓝线，后翅反面棕绿色，有深色斑块及白色细线，亚外缘有不明显的眼状斑纹及1列蓝灰色短条纹，以成虫越冬。

分布：全国各地。

寄主：荨麻科、榆科等。

图8-84　大红蛱蝶 *Vanessa indica*

（254）小红蛱蝶指名亚种 *Vanessa cardui cardui* (Linnaeus, 1758)

与大红蛱蝶（*V. indica*）略近似，但个体稍小，橙色斑较浅，前翅顶角突出不明显 Cu_2 室内侧的橙色斑大；后翅正面橙色区抵达中室，亚外缘有椭圆形黑斑列。反面色更浅，后翅中室端有1枚近三角形的白斑，亚外缘眼状斑较明显，以成虫越冬。

分布：黑龙江、吉林、辽宁、陕西、甘肃。

寄主：榆科、豆科、菊科等。

图8-85 小红蛱蝶指名亚种 *Vanessa cardui cardui*

195. 蛱蝶属 *Nymphalis* Kluk, 1780

（255）黄缘蛱蝶 *Nymphalis antiopa* (Linnaeus, 1758)

翅紫褐色；端部黄色缘带宽，带上密布深色斑驳麻点纹；亚缘斑列蓝紫色。前翅前缘上半部有2个淡黄色前缘斑；反面有极密的黑色波状细纹；外横带黑褐色，波状；两翅中室下端各有1个白色小斑。

分布：陕西、黑龙江、吉林、辽宁、河南、新疆、四川、甘肃。

寄主：杨柳科、桦木科、漆树科等。

图8-86 黄缘蛱蝶 *Nymphalis antiopa*

（256）朱蛱蝶 *Nymphalis xanthomelas* (Esper, 1781)

翅正面黄褐色；反面密布麻点纹，基半部褐色，端半部黄褐色，斑纹为正面斑纹的透射。两翅外缘带黄褐色与青蓝色斑纹相互交织；亚外缘斑列青白色，斑纹条形；亚缘带宽，黑褐色；顶角近前缘有白色斑纹；中室中部2个黑斑相连或分开；亚顶区及中室端部各有1个黑色大块斑；M_3室及Cu_1室各有1个黑斑，Cu_2室有1～2个黑斑。后翅正面密布麻点纹；前缘中部有1个黑色大块斑；基部及后缘覆有棕色长毛。

分布：陕西、黑龙江、辽宁、河北、山西、河南、宁夏、甘肃、青海、新疆、台湾。

寄主：杨柳科、大麻科、漆树科等。

图8-87　朱蛱蝶 *Nymphalis xanthomelas*

（257）白矩朱蛱蝶 *Nymphalis vau-album* (Denis & Schiffermüller, 1775)

翅展32mm。翅红黄褐色，外缘锯齿状。前翅正面似朱蛱蝶，后翅端半部黄褐色，基半部灰褐色，有2横行白带，外侧具白斑。后翅反面中室具明显的"L"形白纹。

分布：陕西、吉林、辽宁、山西、新疆、云南、甘肃。

寄主：桦木科、榆科、杨柳科、荨麻科等。

图8-88　白矩朱蛱蝶 *Nymphalis vau-album*

196. 钩蛱蝶属 *Polygonia* Hübner, 1819

（258）白钩蛱蝶 *Polygonia c-album* (Linnaeus, 1758)

体长19～25mm，翅展40～50mm。全体黑色，密被黄褐色绒毛，复眼酱褐色；触角灰褐色，端部淡白色。前、后翅均呈暗黄色，前翅外缘锯齿状，内围宽黑带，在黑带外侧具有灰黄色斑块7～8个。翅面有大小黑斑10～12个，除近后缘的一个色较淡外，其余6个均为浓黑色。后翅外缘的形状和色泽与前翅基本相同，唯有黑色带纹上面浮有紫蓝色带纹，近前缘的中部有黑色大斑1个，后缘处密布棕黄色绒毛；后翅下面有小白点1个。前后翅的背面，一半为黑色，向外呈灰色。后翅背面中央有一明显的"C"字形白纹。

分布：全国各地。

寄主：榆科。

图8-89 白钩蛱蝶 *Polygonia c-album*

197. 孔雀蛱蝶属 *Inachis* Hübner, 1819

（259）孔雀蛱蝶 *Inachis io* (Linnaeus, 1758)

翅正面朱红色；反面黑褐色，密布黑色和灰白色波状细线。两翅外缘灰褐色；上半部黑色；顶角区有孔雀翎形眼斑，中间或环外侧散布有青蓝色鳞片。前翅前缘基半部有密集的白色横线纹；中部有1个淡黄色斑纹；白色外横点斑列止于Cu_2脉。后翅正面基部棕褐色；反面隐约可见正面的孔雀翎形眼斑。

分布：陕西、黑龙江、辽宁、山西、宁夏、甘肃、青海、新疆、云南。

寄主：荨麻科、大麻科、榆科等。

图8-90 孔雀蛱蝶 *Inachis io*

198. 蜜蛱蝶属 *Mellicta* Billberg, 1820

（260）网纹蜜蛱蝶 *Mellicta dictynna* Esper, 1783

翅蜜黄色，前翅脉、外缘线、亚缘线与横线黑色，较宽，组成网状，使翅面的黄褐色呈排列不连续的斑点，中横线两次强度弯曲，突出部分宽，双线，中室端纹环状，内横带宽为双线。翅反面前翅顶角、后翅外缘及中带有成列的白斑，后翅基部有5个白斑，其中4个互相重叠，第一个（前缘斑）特别小，后翅基半部黑化。

分布：黑龙江、陕西、甘肃。

寄主：不详。

图 8-91　网纹蜜蛱蝶 *Mellicta dictynna*

199. 网蛱蝶属 *Melitaea* Fabricius, 1807

（261）斑网蛱蝶 *Melitaea didymoides* Eversmann, 1847

翅正面橙黄色，反面色稍淡；斑纹黑色或白色。两翅端缘正面黑色，反面白色，镶有黑色斑列。前翅中横斑列近"Z"形；中室斑纹多环状；反面顶角区多白色。后翅正面中横斑列由3列"V"形斑列组成，但只有中间1列较清晰；反面白色中横带宽，"V"形，镶有3排黑色斑列；基部白色，密布黑色斑点及新月纹。雌蝶个体及斑纹较大，清晰。

分布：陕西、黑龙江、吉林、北京、河北、山西、河南、宁夏、甘肃、青海、新疆、山东。

寄主：列当科、紫草科等。

图 8-92　斑网蛱蝶 *Melitaea didymoides*

（262）罗网蛱蝶*Melitaea romanovi* Grum-Grshimailo, 1891

翅展约40mm。翅黄褐色，斑纹黑色，翅外缘有1列黑点。前翅中部有1个黑斑，中室内有3个黑斑。后翅端部具点状斑列，中部有1条近似"S"形的黑斑带，基部和臀区黑色。翅反面、前翅顶角黄白色。后翅翅面黄白色，中部有1条有黑边的黄褐色带。

分布：青海、黑龙江、陕西、甘肃。

寄主：不详。

图8-93　罗网蛱蝶 *Melitaea romanovi*

（263）菌网蛱蝶*Melitaea agar* Oberthür, 1888

小型蛱蝶，一般正面双色，底色黄褐色，有黑色的斑点或极少为线；后翅反面基部中室上方有3个黑色小点。体较细。下唇须细，有鳞及毛，第三节长；触角锤突然加粗，梨形。雄蝶前足时节退化萎缩。前翅较狭，外缘稍斜，R_2脉从Rs脉主干分出。中室闭式。后翅中室半闭。雄性外生殖器无钩突；囊突短，端尖；瓣片卵形，或后方截形；阳茎向上弯曲。

分布：古北区、新北区。

寄主：玄参科、菊科、败酱科。

图8-94　菌网蛱蝶 *Melitaea agar*

（264）帝网蛱蝶*Melitaea diamina* (Lang, 1789)

体中小型，橘黄色。体较细，前翅较窄。翅脉黑色，各斑列斑点呈宽浓黑状，反面有2条黑线，后翅内有银白色或橘黄色斑列，亚外缘黄色斑列内有黑点分布。

分布：辽宁、吉林、黑龙江、河北、河南、陕西、宁夏、云南、甘肃。

寄主：玄参科、败酱科。

图8-95　帝网蛱蝶*Melitaea diamina*

（265）大网蛱蝶*Melitaea scotosia* Butler, 1878

翅黑褐色；斑纹橙黄色、白色或黑色。两翅正面密布橙黄色斑列；反面白色斑列分布于前翅顶角区和后翅端缘、中域基部及中室中部，并镶有黑色缘线和斑纹。前翅中横斑列近"Z"形，时有模糊；中室有数条黑色细带纹。

分布：陕西、黑龙江、吉林、辽宁、河北、山西、河南、甘肃、新疆、山东。

寄主：马钱科马钱属、菊科等。

图8-96　大网蛱蝶*Melitaea scotosia*

200.藏眼蝶属 *Tatinga* Moore, 1893

（266）藏眼蝶 *Tatinga thibetana* (Oberthür, 1876)

翅暗褐色，反面灰白色，有明显的黑褐色楔形纹。前翅端半部有几个斜列的淡黄色纹，反面M_1室有1个褐色眼斑，白色瞳点，外横带倾斜，不规则弯折，从前到后颜色逐渐加深，不经过中室，中室基部有一纵斑，长度约为中室长度的一半，近端部有一横斑；后翅隐约可见眼斑，反面有6个眼斑，白色瞳点，第1个眼斑特别大，M_1室的眼斑最小，M_1室和Cu_2室的眼斑近方形，Cu_2室的2个眼斑融合，黄白色瞳，呈肾形，中室端斑宽，呈长方形，后侧不到后角顶点，其前侧$Sc+R_1$室内有1个近圆形斑纹。

分布：陕西、河南、宁夏、四川、湖北、西藏、甘肃。

寄主：禾本科。

图8-97　藏眼蝶 *Tatinga thibetana*

201.链眼蝶属*Lopinga* Moore, 1893

（267）黄环链眼蝶西部亚种*Lopinga achine catena* (Scopoli, 1763)

翅棕褐色，反面浅褐色。前翅有5个眼斑，白色瞳点，外均围有一圈黄色环，各眼斑黄色环相接触，但不相交，R_5室的眼斑最小，M_3室和Cu_1室的眼斑最大，反面外横线前端向外强烈弯曲，Cu_2室内部分弯曲，外缘有2条黄线，亚缘有1条较宽并曲折的淡黄色纹，中室有1条淡黄色横纹，斑两侧有深色的线纹；后翅有6个眼斑，白色瞳点，较正面模糊，外均围有一圈黄色环，Cu_2室的眼斑有2个白色瞳点，M_2室的眼斑最小，M_3室和Cu_1室的眼斑最大，反面眼斑围有一圈黄色内环和浅褐色外环，后4个眼斑黄色环相接触，但不相交，外缘区灰白色，中区有1条灰白色横带，外横带中部强烈弯曲。

分布：河南、黑龙江、吉林、陕西、辽宁、青海、宁夏、湖北、甘肃。

寄主：禾本科小麦属、冰草属、黑麦草属，莎草科薹草属等。

图8-98 黄环链眼蝶西部亚种 *Lopinga achine catena*

202. 毛眼蝶属 *Lasiommata* Westwood, 1841

（268）斗毛眼蝶 *Lasiommata deidamia* (Eversmann, 1851)

翅黑褐色。前翅近顶角有1个眼斑，白色瞳点，围有黄白色环，眼斑内侧有1条黄白色斜带，雄蝶中室后侧有1条模糊且内斜的黑灰色性标，反面斑纹较正面显著且一致，中室内有2条短横纹；后翅反面外缘有2条浅色细线纹，有6个眼斑，白色瞳点，围有浅黄白内环和淡褐色外环，M_2室的眼斑最小，M_3室和Cu_1室的眼斑最大，Cu_2室的眼斑有2个白色瞳点，眼斑外侧有淡色的弧形线，眼斑内侧有白色宽带。

分布：黑龙江、吉林、河北、辽宁、北京、宁夏、山东、山西、甘肃。

寄主：禾本科披碱草属、野青茅属、拂子茅属、偃麦草属等。

图8-99 斗毛眼蝶 *Lasiommata deidamia*

203. 多眼蝶属*Kirinia* Moore, 1893

（269）多眼蝶*Kirinia epaminondas* (Staudinger, 1887)

体长18～20mm，翅展28mm。翅面暗褐色。前翅外部约1/3处有一隐约的灰黄色斜带，内侧衬黑褐色纹；顶角内侧有一黑褐色眼斑，灰白色瞳点，外具灰黄环，其上下各有一土黄色的椭圆形斑；脉纹及两侧黑褐色，中室内有3条较明显的黑褐色波状纹；缘毛脉间土黄色，脉端黑褐色。后翅外缘波齿形，缘线灰黄色双线，亚缘有6个黑褐色眼斑，白色瞳点，外具灰黄环，2～3斑较小。反面前翅淡黄褐色，脉纹及两侧的黑褐纹明显；外线黑褐色较粗呈波状，4脉处齿形外突，3脉下及2脉处略凸，4脉前段内斜；顶角斑纹清晰；中室内3横纹显著，内条下端斜向基部，外侧1条中上部有一角突伸至中室端5脉的基部稍上。后翅淡黄褐色，基半部有不甚规则的暗褐色折线，缘线暗褐色双线，线间灰黄色，其内侧有灰黄色波状纹，纹内侧有近三角形的暗色斑列，亚缘有6个清晰的黑褐色眼斑，外具黄环，白色瞳点，第6斑内有2个并列的白点。

分布：陕西、黑龙江、辽宁、北京、河北、山西、河南、甘肃、山东。

寄主：禾本科早熟禾属、马唐属、冰草属，莎草科莎草属等。

图8-100　多眼蝶 *Kirinia epaminondas*

204. 白眼蝶属*Melanargia* Meigen, 1828

（270）白眼蝶*Melanargia halimede*（Ménétriès, 1859）

翅展23～30mm，翅白色或乳黄色；翅脉黑色或黑褐色。前翅顶角区、外缘区及后缘区黑色或黑褐色，近顶角及中部有2条黑褐色不规则斜带，顶角区有3～4个斑纹；中斜斑列曲波形。后翅有2条外缘线，亚缘有中断的黑褐色带。反面近顶角有2个黑褐色圆斑，中室端有2个相连的近长方形的黑褐色斑；后翅中室端脉上有小环斑，下有细横线。

分布：青海、陕西、甘肃、宁夏、四川。

寄主：禾本科稻属、燕麦属、甘蔗属，榆科榆属，蔷薇科李属、苹果属等。

图8-101 白眼蝶*Melanargia halimede*

（271）甘藏白眼蝶*Melanargia ganymedes*（Heyne, 1895）

本种与白眼蝶（*M. halimede*）近似。两种主要区别为：本种两翅白色区域面积大；外缘线清晰。前翅中斜带位于Cu_1室的带纹细。后翅亚缘带端部断开，相距远，带内眼斑清晰。

分布：黑龙江、陕西、新疆、甘肃、四川、云南、西藏。

寄主：禾本科。

图8-102 甘藏白眼蝶*Melanargia ganymedes*

（272）亚洲白眼蝶*Melanargia asiatica* (Oberthür & Houlbert, 1922)

翅白色。前翅中室内侧3/4区白色；后翅中域至翅基除中室上端外，其余均为白色，反面有6个棕褐色眼斑，白色瞳点，围有淡黄色内环和棕褐色外环，眼斑外侧有波浪状细纹线与棕褐色外环相连，中室端上方有1个不规则黑斑。与白眼蝶（*M. halimede*）近似，主要区别为：本种前翅中斜带在Cu_2室断开。后翅亚缘带端部断开，两段相距远，带内眼斑列清晰。

分布：陕西、云南、四川、吉林、甘肃。

寄主：禾本科。

图8-103　亚洲白眼蝶 *Melanargia asiatica*

205.云眼蝶属*Hyponephele* Muschamp, 1915

（273）吉尔云眼蝶*Hyponephele kirghisa* (Alphéraky, 1881)

翅展19～23mm，翅黄色。雄蝶前翅三边黑褐色，近顶角具1个白瞳黑眼斑，翅中部有1个斜置的黑色性标；后翅外缘带为1列乳头状黑褐色斑，基半部黑色。雌蝶前翅眼斑2个，后翅除灰褐色外缘带外，余区全为黄色。翅反面，雌雄相似，雄蝶前翅眼斑1个，雌蝶为2个，后翅棕褐色，具不规则斑纹。

分布：新疆、甘肃。

寄主：不详。

（274）黄衬云眼蝶*Hyponephele lupina* (Costa, 1836)

前翅黄褐色，有2个眼斑，白色瞳点，围有一圈淡黄色环，顶角处的眼斑最大，且附有1个小眼，反面有较大的黄斑区域；后翅黑褐色，中横线中段外突不成圆形，反面近臀角有1～2个小黑斑，雄蝶中室外侧下方有1个长条形黑色性标。

分布：新疆、山西、黑龙江、甘肃。

寄主：不详。

图8-104　黄衬云眼蝶 *Hyponephele lupina*

（275）牧云眼蝶*Hyponephele maureri* (Staudinger, 1887)

翅褐黄色。前翅有2个眼斑，可浅见黄斑域，反面眼斑较明显，白色瞳点，围有浅黄色环，顶角眼斑附有1个小眼，黄斑区域到基部，不成条状；后翅反面有4个小黑斑，顶角处和臀角处各有2个。

分布：辽宁、甘肃。

寄主：不详。

图8-105　牧云眼蝶 *Hyponephele maureri*

206.眼蝶属 *Satyrus* Latreille, 1810

（276）玄裳眼蝶 *Satyrus ferula* (Fabricius, 1793)

翅展26～30mm。翅黑褐色。前翅三角形，M_1室和Cu_1室各有个眼斑，眼斑中间有1个白色瞳点，两眼斑之间有2个小白点，眼斑与反面一致且较模糊，反面中室、眼斑内外两侧具深色波纹，顶区及外缘区前半部呈灰白色；后翅反面有多条深色横纹，外缘和中部各有1条灰白色横带，不规则弯曲，近臀角处有2个较小的长圆形黑褐色斑。

分布：四川、新疆、青海、陕西、河北、甘肃。

寄主：不详。

图8-106　玄裳眼蝶 *Satyrus ferula*

207.蛇眼蝶属 *Minois* Hübner, 1819

（277）蛇眼蝶 *Minois dryas* (Scopoli, 1763)

翅面和翅脉黑褐色。前翅M_1室和Cu_1室各有1个眼斑，紫蓝色瞳点，围有模糊的浅黄色环，Cu_1室的眼斑较大，反面亚外缘有1条深色条带；后翅外缘呈齿状，Cu_1室有1个较小的眼斑，紫蓝色瞳点，有时消失，有1条宽的灰白中横带，反面外横线呈波状弯曲，亚外缘有1条深色条带，内横线短，不到中室后缘。

分布：河北、吉林、河南、黑龙江、山东、山西、浙江、江西、福建、北京、甘肃。

寄主：禾本科植物。

图8-107　蛇眼蝶 *Minois dryas*

208.仁眼蝶属 *Hipparchia* Fabricius, 1807

（278）仁眼蝶宽带亚种 *Hipparchia autonoe* (Esper, 1784)

翅棕褐色，反面淡褐色。前翅亚缘有1条白色的宽带，带中M_1室和Cu_1室各有1个眼斑，有白色瞳点或消失，M_1室的眼斑较大；反面亚缘宽带呈淡黄色，较正面显著，顶区布有褐色细纹，为灰白色，中室呈淡黄褐色，近端部有1条褐色的弧形横纹，有1条黑褐色亚外缘线。后翅有1条白色且不规则弯曲的中带，M_1脉和Cu_1脉间呈"M"状向外强突，近臀角处有1个较小的黑色眼斑，有白色瞳点或消失；反面翅脉为白色，着生褐白相间的细纹，斑纹与正面基本一致且明显，眼斑前侧有4个小白斑，亚外缘线黑褐色，深褐色的内横线不规则弯曲，明显。

分布：黑龙江、陕西、山西、新疆、河北、青海、甘肃。

寄主：不详。

图8-108　仁眼蝶宽带亚种 *Hipparchia autonoe*

209.矍眼蝶属 *Ypthima* Hübner, 1818

（279）乱云矍眼蝶 *Ypthima megalomma* Butler, 1874

翅黑褐色。前翅亚顶区有1个大的黑色眼斑，内有2个蓝色瞳点，围有黄色环，略向外倾斜；反面眼斑与正面一致。后翅近臀角处有1个眼斑，瞳点较大，围有黄色环；反面无眼斑，有不规则灰白色宽带，带的内外侧为不规则的淡棕褐色云状斑。

分布：北京、陕西、河北、河南、江苏、四川、浙江、安徽、甘肃。

寄主：禾本科。

图8-109　乱云矍眼蝶 *Ypthima megalomma*

（280）曲斑矍眼蝶Ypthima zyzzomacula Chou et Li, 1994

翅正面黑褐色，前翅近顶角有1个黑色眼斑，中间有2个蓝色瞳点。前翅顶角平截形，双瞳眼斑较直，不太倾斜，后翅反面无眼斑，后翅褐色云状斑呈不规则的"Z"形（右面呈"S"形）。

分布：湖南、湖北、云南、甘肃。

寄主：禾本科。

图8-110　曲斑矍眼蝶Ypthima zyzzomacula

210.舜眼蝶属Loxerebia Watkins, 1925

（281）白点舜眼蝶Loxerebia albipuncta (Leech, 1890)

翅展24～26mm。前翅亚顶区斑较狭、扁，倾斜更强，眶清晰、暗橙色；后翅Cu_1室内圆形眼斑小，清晰，瞳点白色，眶暗橙色。后翅反面外横线较清晰，线外侧具灰白色模糊横带；亚缘M_1、M_2室内各具1枚小白点，Cu_1室内黑褐色圆斑小，眶暗黄色，无瞳。

分布：湖北、贵州、甘肃。

寄主：不详。

（282）白瞳舜眼蝶 *Loxerebia saxicola* (Oberthür, 1890)

翅展24～26mm。翅黑褐色，前翅近顶角有1个黑色椭圆形眼状纹，围有褐黄色环，内有2个白点；部分个体后翅臀角处有1个黑色小斑纹，内有白点。前翅反面中区暗红色，眼状纹同正面；后翅反面灰色，有云状纹，正面的黑色斑纹仅为1个小点，亚缘有白色小点，数目变化较大。

分布：湖北、河南、北京、四川、陕西、西藏、广东、云南、甘肃。

寄主：莎草科莎草属、禾本科结缕草属等。

图8-111　白瞳舜眼蝶 *Loxerebia saxicola*

（283）横波舜眼蝶 *Loxerebia delavayi* (Oberthür, 1891)

翅展24～26mm。翅面暗褐色。前翅亚顶区具1枚黑色眼斑，双瞳，瞳点白色，前大后小。后翅正面无斑纹。翅反面颜色较浅，灰褐色。前翅外缘线深褐色；亚缘眼斑近圆形，眶黄白色，双瞳，瞳点白色；中室外侧与外缘之间区域前侧部分布褐黄色、红棕色相间的细纹。后翅基部及前缘区具红棕色细纹；外缘区苍白色；中室中部与后缘间基部区域白色，具红棕色细纹；亚缘具5枚小白斑；内、外横线红棕色，外横线 M_2 室内断裂，内横线前段清晰；中室后侧具模糊的红棕色横纹，在近外缘处略扩展。

分布：云南、甘肃、西藏。

寄主：不详。

图8-112　横波舜眼蝶 *Loxerebia delavayi*

211. 山眼蝶属 *Paralasa* Moore, 1893

（284）山眼蝶 *Paralasa batanga* Van Der (Goltz, 1939)

翅展22～24mm。翅面深棕褐色。前翅前缘淡黄色，中室红褐色，中室端脉黑褐色；亚顶区具1枚黑褐色圆形眼斑，双瞳、前大后小、斜列，瞳点白色；眼斑中后部围有近三角形的橙黄色大斑。后翅无斑纹。翅反面与正面斑纹基本一致，底色棕褐色。前翅眼斑后侧部分锈褐色。后翅密布暗色细纹。

分布：青海、云南、甘肃。

寄主：不详。

图8-113　山眼蝶 *Paralasa batanga* Van Der

（285）耳环山眼蝶 *Paralasa herse* Grum-Grshimailo, 1891

翅展22～24mm。翅黑褐色。前翅亚缘有1个橘红色大圆斑，斑上方靠近翅的前缘，下方扩展的特别大，斑内有2个眼斑，白色瞳点，前缘的眼斑最大，瞳点较明显；中室为红棕色；反面橘红色大斑延伸到近基部。后翅无斑纹，反面密布深褐色细纹。

分布：云南、四川、青海、西藏、甘肃。

寄主：不详。

图8-114　耳环山眼蝶 *Paralasa herse*

212. 珍眼蝶属 *Coenonympha* Hübner, 1819

（286）牧女珍眼蝶指名亚种 *Coenonympha amaryllis amaryllis* (Stoll, 1728)

翅展15～18mm。翅面淡黄色、黄色或明黄色。反面亚缘斑列可由正面透出。翅反面黄灰色，外缘线浅灰褐色，其内侧具1条银灰色线。前翅前缘区、外缘区淡灰褐色；亚缘斑3～5枚，M_2室的极小，R_5室的多缺失，瞳点白色，眶黄白色；斑列内侧棕褐色线模糊。后翅银灰色线内侧具1条暗黄色线，略波曲；亚缘斑6枚，M_3室的大，Cu_2室的最小，白瞳，双眶，内眶黄白色，外眶暗黄色；斑列内侧具白色狭带，完整或断裂，模糊或清晰，带内缘棕褐色、波曲，M_3脉前侧向内角状突出。

分布：内蒙古、山西、北京、山东、青海、甘肃、陕西、四川。

寄主：莎草科、禾本科等。

图8-115　牧女珍眼蝶指名亚种 *Coenonympha amaryllis amaryllis*

213. 阿芬眼蝶属 *Aphantopus* Wallengren, 1853

（287）阿芬眼蝶 *Aphantopus hyperanthus* (Linnaeus, 1758)

翅展21～26mm。翅黑褐色，反面棕褐色且基部色深，反面眼斑比正面明显。前翅亚缘有2～3个眼斑，白色瞳点，围有淡黄色环。后翅亚缘有5个眼斑，前2个处于中线位置，后3个处于亚外缘区，R_s室的眼斑极小，M_1室的眼斑较大，M_2室的眼斑极小或缺失，中线内侧色更深。

分布：黑龙江、青海、河南、宁夏、陕西、北京、西藏、四川、甘肃。

寄主：莎草科、禾本科等草本。

图8-116　阿芬眼蝶 *Aphantopus hyperanthus*

214.红眼蝶属 *Erebia* Dalman, 1816

（288）红眼蝶 *Erebia alcmena* Grum-Grshimailo, 1891

翅长23～31mm。翅正面黑褐色，反面黄褐色。前翅亚外缘带橙黄色，中间缢缩或断开，带内有3～4个眼斑，端部2个相连。后翅亚缘带弧形，橙黄色，无斑纹或有极小不明显小白点。反面较浅，前翅斑纹同正面，后翅有淡色亚缘宽带1条。

分布：陕西、黑龙江、河南、宁夏、甘肃、浙江、四川、西藏。

寄主：莎草科。

图8-117　红眼蝶 *Erebia alcmena*

215.喙蝶属 *Libythea* Fabricius, 1807

（289）朴喙蝶 *Libythea celtis* (Laicharting, 1782)

翅展20～22mm。体背黑色，胸背稍有青蓝色绒毛；胸面棕红色，腹面黑色。下唇须很长，突出在前方呈缘状。前翅顶角突出，呈镶刀状；后翅外缘锯齿状。翅黑褐色。前翅近顶角有3个小白斑，中室内有一带端钩的红色条斑，其与中室端外的圆形红斑相接触成一角度；后翅中部有一红色横带。翅的反面，前翅色淡，后缘枯黄色，斑纹同正面；后翅棕红色；布满黑色细纹，脉纹色深，形似枯叶，中室有一小黑点。

分布：江西、北京、辽宁、河北、山西、陕西、甘肃、河南、湖北、浙江、福建、四川、广西。

寄主：大麻科。

图8-118　朴喙蝶 *Libythea celtis*

（六十四）灰蝶科Lycaenidae

216.青灰蝶属*Antigius* Sibatani et Ito, 1942

（290）青灰蝶*Antigius attilia* (Bremer, 1861)

翅暗灰黑色，缘毛白色，前翅无斑纹；后翅外缘有1条青白色细线，内侧有4个青白色斑，内有淡黑色点，尾突细长，端部白色。反面青灰白色，斑纹褐色，前翅中室有1个短斑，中室外有1条横带，亚外缘有1列斑点；后翅中央有横带，亚外缘有褐色、白色新月形纹各1列，臀角及尾突基部各有1个橙色眼斑。

分布：黑龙江、辽宁、吉林、河北、山西、陕西、四川、河南、甘肃、安徽。

寄主：豆科、壳斗科栎属等。

图8-119　青灰蝶*Antigius attilia*

217.金灰蝶属*Chrysozephyrus* Shirozu et Yamamoto, 1956

（291）裂斑金灰蝶*Chrysozephyrus disparatus* (Howarth, 1957)

雄蝶翅金绿色，具光泽，前翅外缘黑带细窄，后翅周边黑褐带宽，外缘稍窄，Cu_2脉延伸有尾突。雌蝶前翅青蓝色，前缘和外缘黑褐色带宽，翅脉被黑褐色鳞，中室端外侧及M_3室各具橙色斑1个；后翅全面黑褐色，前、后缘稍淡；反面灰褐色，两翅外线白色细，内侧有细阴影，Cu_1室近外缘有黑色圆斑，外环带橙黄色，后角黑斑较小，内侧有橙斑，前翅后角附近有模糊暗斑列。

分布：浙江、广东、甘肃、云南、陕西、海南。

寄主：壳斗科。

图8-120　裂斑金灰蝶 *Chrysozephyrus disparatus*

218. 艳灰蝶属 *Favonius* Sibatani et Ito, 1942

（292）艳灰蝶 *Favonius orientalis* (Murray, 1874)

雄蝶翅面金绿色，有蓝色闪光，缘毛白色；前翅边缘有细的黑带，后翅边缘有黑色宽带，尾突短。翅反面灰黄色，中室端有1条不明显的褐色纹，在亚端有1条明显的褐白相并的斜横线，亚缘有2条平行的波状线，近后角处两线间夹有褐色纹；后翅有"W"形白色纹，亚缘也有2条平行的白色波状线，臀角有2个橙红色斑，前面1个中心有黑点，后面1个末端有黑点。雌蝶栗褐色，中室端和M$_3$室基部有淡黄褐色斑纹，翅反面同雄蝶。

分布：黑龙江、辽宁、陕西、甘肃、宁夏、河南、江西。

寄主：壳斗科、桦木科榛属等。

图8-121　艳灰蝶 *Favonius orientalis*

（293）亲艳灰蝶兴隆亚种 *Favonius cognatus xinglongshanus* (Staudinger, 1887)

雄蝶翅面金绿色，后翅面周缘黑色带较宽，有蓝色闪光，缘毛白色；前翅边缘有细的黑带，后翅周缘有黑色宽带，尾突短。翅反面灰黄色，中室端有1条不明显的褐色纹，在亚端有1条明显的褐白并列的斜横线，亚缘有2条平行的波状线，近后角处两线间夹有褐色纹；后翅有"W"形褐色纹，亚缘也有2条平行的白色波状线，臀角有2个橙红色斑，前面1个中心有黑点，后面1个末端有黑点。雌蝶栗褐色，前翅中室端外有淡黄色斑，翅反面同雄蝶。

分布：甘肃。

寄主：壳斗科。

图8-122　亲艳灰蝶兴隆亚种 *Favonius cognatus xinglongshanus*

219. 黄灰蝶属 *Japonica* Sibatani et Ito(=Tutt, 1907)

（294）黄灰蝶 *Japonica lutea* (Hewitson, 1865)

翅橙黄色，前翅顶角黑色，后翅臀角和 Cu_2 室各有1个黑圆点，尾突黑色，末端白色。翅反面色深，前翅外缘有宽的黄红色带，内侧有黑斑及白色细线，中室端及外方各有1条深色带，两侧镶白色细线，后翅外缘宽黄红色带内有黑斑，内侧有白色"W"形斑，其外侧有黑色边，中央有2条白色细线。

分布：黑龙江、吉林、河南、甘肃、宁夏、山西、湖北。

寄主：壳斗科栎属，大麻科朴属等。

图8-123　黄灰蝶 *Japonica lutea*

220. 线灰蝶属 *Thecla* Fabricius, 1807

（295）线灰蝶 *Thecla betulae* (Linnaeus, 1758)

雄蝶翅面棕褐色，无斑纹；后翅外缘从 M_2 到2A各脉端均突出，使外缘呈锯齿状。翅反面黄褐色，两翅外缘毛褐色，外中横细线白色，内侧棕黄色，前宽后窄，止于 Cu_2 脉，后外中横线波曲，中横线止于 Cu_1 脉基部，臀角与 Cu_2 室各有1个小黑斑。雌蝶翅色彩斑纹因亚种而异。

分布：黑龙江、吉林、内蒙古、甘肃、江西、浙江。

寄主：蔷薇科李属、桃属、樱属，榆科榆属等。

图8-124　线灰蝶 *Thecla betulae*

（296）小线灰蝶 *Thecla betulina* (Staudinger, 1887)

雄蝶前翅三角形，淡褐色，中室端斑明显，后翅淡褐色，脉纹黑色。翅反面中室端斑镶有白边，外中线棕色镶有波曲的白边，止于Cu$_2$脉，亚缘棕褐色由1条模糊的白线分开。后翅中横白线与外中横白线在Cu$_2$脉相连，两线间棕褐色，其下方呈"W"形白曲线，亚缘为橙色横带，有1条淡色线分开，止于Cu$_1$脉，Cu$_2$室和臀角各有1个黑斑，尾突黑色。

分布：黑龙江、辽宁、甘肃。

寄主：蔷薇科。

图8-125　桦小线灰蝶 *Thecla betulina*

221. 尧灰蝶属 *Iozephyrus* Wang, 2002

（297）尧灰蝶 *Iozephyrus betulina* (Staudinger, 1887)

翅正面黑褐色，反面褐色，中室具暗色带，其外侧镶有白边。前翅M$_1$与R$_5$脉在基部有一段共柄，触角约为翅长的一半，稍长于中室。后翅具有1对尾突，臀叶极小，不发达。雌雄无明显的性二型现象。

分布：黑龙江、辽宁、陕西、甘肃。

寄主：蔷薇科苹果属、李属等。

图8-126　尧灰蝶 *Iozephyrus betulina*

222. 燕灰蝶属 *Rapala* Moore, 1881

（298）彩燕灰蝶 *Rapala selira* (Moore, 1874)

翅棕褐色，前、后翅基半部均有紫色闪光；前翅中室外有1个大型橙红色斑；后翅臀角附近橙红色，臀角圆形突出，尾突细长。翅反面青白色，中室端部有2条褐色短纹；中横线褐色两侧镶有白线，上宽下窄，亚缘有1条褐色线；后翅有"W"字形纹，褐色镶有白线；外缘线白色，近臀角有橙色斑，其上有2个黑点。

分布：黑龙江、辽宁、陕西、甘肃、浙江、云南。

寄主：鼠李科、蔷薇科等。

图8-127　彩燕灰蝶 *Rapala selira*

223. 梳灰蝶属 *Ahlbergia* Bryk, 1946

（299）尼采梳灰蝶 *Ahlbergia nicevillei* (Leech, 1893)

雄蝶翅面黑褐色，前后翅基部和中部银蓝色，翅缘毛灰白，后翅内缘后半部凹陷，臀角向内突出。翅反面，前翅色浅，中部有1个弓形斑；后翅基半部深红褐色，中横带宽，色浅，达 Cu_1 脉时向内折，后缘中有1个褐色新月斑。雌蝶翅面前翅前缘、顶端及外缘暗褐色，中下部青蓝色，后翅除外缘外，大部分为青蓝色；翅反面前翅棕红色，后翅深棕红色，中横线红褐色，弯曲，隐约可见。

分布：浙江、江苏、安徽、湖北、云南、甘肃。

寄主：忍冬科。

图8-128　尼采梳灰蝶 *Ahlbergia nicevillei*

224.乌灰蝶属*Fixsenia* Tutt, 1907

（300）苹果乌灰蝶*Fixsenia pruni* (Linnaeus, 1761)

翅面棕褐色至黑褐色，反面黄褐色。前翅外缘部有4～6个黑色圆点，由前向后依次渐大，内侧有白色新月形纹，中部横线银白色，下端曲折。后翅Cu_2、Cu_1室外端有橙红色斑，翅外缘有橙红色带，内侧有6～7个黑色圆点，并镶有银白色新月形纹，中部的银白色横线上端起自前缘的中央，至Cu_2室间断，与Cu_2、2A室和臀区的白纹接近。

分布：黑龙江、山西、河南、四川、甘肃、山东。

寄主：蔷薇科苹果属。

图8-129　苹果乌灰蝶 *Fixsenia pruni*

225.洒灰蝶属*Satyrium* Scudder, 1876

（301）幽洒灰蝶*Satyrium iyonis* (Ota et Kusunoki, 1957)

翅褐色，雌蝶前翅中室顶端具长椭圆形泥巴性标；中室端外有橙红色斑；翅反面中部的青白色横线端部明显向内弯，下段无波折；后翅的横线上段很直，"W"形中间部分向上突出甚高，臀角突出不明显。尾突细长黑色，两侧白色。

分布：山西、河南、四川、甘肃、吉林。

寄主：鼠李科鼠李属。

图8-130　幽洒灰蝶 *Satyrium iyonis*

（302）红斑洒灰蝶 *Satyrium rubicundulum* (Leech, 1890)

翅正面黑褐色；反面褐色。前翅正面中室端外下方有1个橙色斑纹；此斑个体间变化很大，少数个体无斑；反面外缘带细，黑色；亚外缘及亚缘区各有1列黑色条斑；白色外横带细。后翅正面近臀角处有2个橘黄色眼斑，模糊；反面外缘带黑色，缘线白色；亚外缘至亚缘区斑列由2列近圆形黑斑组成，斑列间有橙红色带相连，外侧1列近臀角附近的3～4个斑大，且有深灰色鳞片覆盖；外斜线细，白色，该线纹在臀角区"W"形弯曲并折向后缘中部；Cu$_2$脉端部尾突细长，Cu$_1$脉末端尾突短；臀瓣小。雄蝶无性标斑。

分布：山西、河南、四川、甘肃、陕西。

寄主：蔷薇科苹果属、山楂属等。

图8-131 红斑洒灰蝶 *Satyrium rubicundulum*

（303）优秀洒灰蝶 *Satyrium eximium* (Fixsen, 1887)

翅黑褐色，有暗紫色闪光，前翅中室上方有椭圆形性标斑；后翅臀角圆形突出，内有橙红色斑，有尾状突起2个，Cu$_1$脉端的1条极短。反面暗灰色，前翅沿外缘有不完整的浅色细线，近后角的一段较明显，其内侧有2～3个极不明显的斑纹，亚缘有1条青白色横线，末端曲折；后翅沿外缘有1条青白色细线，亚缘另有1条平行的同色线纹，两线中间各室有橙红色斑，但自臀角至顶角依次渐小，斑纹内侧各有黑色弧状纹，中部横线前段直，后端呈"W"形，臀角黑色，Cu$_2$室有1个大黑圆点。

分布：黑龙江、辽宁、吉林、山东、河南、甘肃、浙江、福建。

寄主：鼠李科鼠李属。

图8-132 优秀洒灰蝶 *Satyrium eximium*

（304）刺痣洒灰蝶 *Satyrium spini* (Denis et Schiffermüller, 1775)

翅黑褐色，有暗紫色闪光。雄蝶前翅中室性标窄长。翅反面中部的白色横线明显宽阔，前翅外缘无斑纹，横线下端显著向内曲折；后翅中部的白横线中段向内微弯，末端的"W"形较平直，臀角稍圆出，无橙红色斑，Cu_2室黑点很小，2A室端黑色散布白银色鳞粉，有1尾突。

分布：河南、山西、山东、甘肃、河北、辽宁、黑龙江。

寄主：蔷薇科花楸属、苹果属，榆科榆属，鼠李科鼠李属等。

图8-133　刺痣洒灰蝶 *Satyrium spini*

226.新灰蝶属 *Neolycaena de* Nicéville, 1890

（305）白斑新灰蝶 *Neolycaena tengstroemi* (Erschoff, 1874)

翅面黑色微褐，翅基稍淡，缘毛淡灰白色。前翅反面灰褐色，中室端有一白色细弯纹，外横线为4~6个白斑组成2条弯纹，外缘白色内侧有6个小黑斑。后翅反面灰黄色，中室端有4个白斑组成1条弯纹，并且靠近上缘，此纹外方靠近下缘，散布着6个白斑，外缘各脉间为白斑，斑内有1对小黑斑，分内外对列，黑斑间呈橙色，缘毛灰色，近基部灰白色。

分布：宁夏、四川、甘肃。

寄主：豆科锦鸡儿属柠条等。

图8-134　白斑新灰蝶 *Neolycaena tengstroemi*

227.灰蝶属*Lycaena* Fabricius, 1807

（306）红灰蝶*Lycaena phlaeas* (Linnaeus, 1761)

翅正面橙红色，前翅周缘有黑色带，中室的中部和端部各具1个黑点，中室外自前到后分别有3、2、2三组黑点。后翅亚缘自M_2室至臀角有1条橙红色带，其外侧有黑点，其余部分均黑色。前翅反面橙红色，外缘带灰褐色，带内侧有黑点，其他黑点同正面；后翅反面灰黄色，亚缘带橙红色，带外侧有小黑点，后中黑点列呈不规则弧形排列，基半部散布几个黑点，尾突微小，端部黑色。

分布：河北、北京、黑龙江、河南、浙江、福建、西藏、甘肃。

寄主：豆科、蓼科等。

图8-135 红灰蝶 *Lycaena phlaeas*

（307）橙灰蝶*Lycaena dispar* Hauorth, 1802

雄蝶翅面橙黄色或朱红色，前翅外缘有窄的黑色带，后翅外缘黑带与内侧的黑点愈合。翅反面，前翅淡黄色，前缘和外缘灰色，亚缘有2列整齐的黑斑，中室基部、中部各有1个黑点；后翅灰褐色，基部蓝灰色，除橙黄色亚缘带外，有3列整齐的黑点，内列顶端2个斑排列不齐，基半部有5个黑点。雌蝶前翅的亚缘黑点列整齐，翅反面斑纹排列同雄蝶，3列亚缘黑点整齐。

分布：黑龙江、辽宁、山西、西藏、甘肃。

寄主：蓼科酸模属、豆科苜蓿属，以及菊科等。

图8-136 橙灰蝶 *Lycaena dispar*

228.枯灰蝶属 *Cupido* Schrank, 1801

（308）枯灰蝶祁连亚种 *Cupido minimus qilianus* (Fuessly, 1775)

翅正面黑褐色，无斑纹，反面淡褐色，带白环的黑斑比其他种类少。雄蝶前翅后中斑列与翅外缘平行；后翅亚缘室2个，后中斑列弯曲。雌蝶前翅只有3个中斑，后翅亚缘室2个，后中斑列弯曲。雌蝶前翅只有3个中斑，后翅亚缘室2个，m室2个，在Cu$_1$室基部有很小的斑，2A室有2个相邻的斑。

分布：甘肃。

寄主：豆科百脉根属、黄芪属等。

图8-137　枯灰蝶祁连亚种 *Cupido minimus qilianus*

229.蓝灰蝶属 *Everes* Hübner, 1819

（309）蓝灰蝶 *Everes argiades* (Pallas, 1771)

雄蝶翅青紫色，前翅外缘、后翅前缘与外缘褐色；雌蝶翅暗褐色，低温期前翅基后部与后翅外部会出现青紫色。翅反面灰白色，黑斑纹退化。前翅反面中室端纹淡褐色，近亚外缘有1列黑斑，外缘有2列淡褐色斑。后翅反面近基部有2个黑斑，后中部黑斑排列不规则，外缘有2列淡褐色斑；2个臀角较大，清晰，上面有橙黄色斑。尾突白色，中间有黑色。

分布：全国各地。

寄主：豆科、酢浆草科酢浆草等。

图8-138　蓝灰蝶 *Everes argiades*

（310）长尾蓝灰蝶*Everes lacturnus* (Godart, 1824)

体灰黑色，后翅有较长的细小尾突。雄蝶翅背面呈蓝灰色，雌蝶呈暗灰色，中央有蓝斑。翅腹面白色，亚端部有1列灰黑色断斑，中室末端有灰色斑。后翅外缘有2个眼斑，腹面中室外有1列斑排成半圆形，臀角处有2个大黑斑。

分布：陕西、云南、浙江、福建、江西、湖北、广东、广西、甘肃。

寄主：豆科。

图8-139 长尾蓝灰蝶*Everes lacturnus*

230. 玄灰蝶属*Tongeia* Tutt, 1908

（311）玄灰蝶*Tongeia fischeri* (Eversmann, 1843)

翅正面黑褐色，无斑纹；反面淡棕色至灰白色；斑纹黑褐色或橙黄色，多有白色圈纹；中室端斑黑褐色。前翅反面黑色外缘线细；亚外缘和亚缘斑列黑褐色；外横斑列分成2段，下端内移并倾斜。后翅反面外缘斑列及亚缘斑列近平行排列；亚外缘带橙色；外横斑列分成3段，近"V"形排列；基横斑列由4个斑纹组成；上述斑纹间多有白色斑带夹杂其间；尾突细小。

分布：黑龙江、辽宁、河北、山东、陕西、河南、江西、福建、甘肃。

寄主：景天科。

图8-140 玄灰蝶*Tongeia fischeri*

231.琉璃灰蝶属 Celastrina Tutt, 1906

(312)琉璃灰蝶 Celastrina argiola (Linnaeus, 1758)

翅粉蓝色微紫,外缘黑带。前翅较宽,雌蝶比雄蝶宽2倍,中室端脉有黑纹,缘毛白色。翅反面斑纹灰褐色,前翅亚外缘点列排成直线,后翅外线点列也近直线状,前、后翅外缘小圆斑大小均匀。雄蝶翅正面,尤其后翅具有特殊构造的发香鳞掺于普通鳞片中。

分布:黑龙江、辽宁、山东、河南、河北、陕西、甘肃、青海、福建。

寄主:豆科、蔷薇科、冬青科、桦木科、鼠李科等。

图8-141　琉璃灰蝶 Celastrina argiola

232.霾灰蝶属 Maculinea von Eecke, 1915

(313)嘎霾灰蝶夏河亚种 Maculinea arion cyanecula (Linnaeus, 1758)

翅面棕褐色,中域有紫蓝色光泽,前后翅缘较窄。翅反面所有斑小,亚外缘仅1列斑点,后中斑3个排列较整齐,中室内雄蝶有斑,雌蝶无斑,后翅基部只有2个黑斑。

分布:甘肃。

寄主:唇形科、蔷薇科。

图8-142　嘎霾灰蝶夏河亚种 Maculinea arion cyanecula

（314）大斑霾灰蝶 *Maculinea arionides* (Staudinger, 1887)

雄蝶翅正面浓紫蓝色，前翅外缘和后翅周缘均有紫黑色带，翅反面的斑列可透视。雌蝶缘带比雄蝶宽。翅反面青灰色，翅基及外缘色较深，有的脉端色增浓，成黑点，亚外缘有2列黑斑列，前翅后中斑列的斑纵长而大，顶端2个内移，Cu_1室的最大，接近中室端斑，中室内有1个黑斑；后翅黑斑均小，近圆形，端半部有3列，翅基有3个。

分布：黑龙江、吉林、辽宁、河南、山西、甘肃、四川。

寄主：豆科。

图8-143 大斑霾灰蝶 *Maculinea arionides*

（315）胡麻霾灰蝶 *Maculinea teleia* (Bergstrasser, 1779)

翅正面青蓝色，黑色缘带较窄，前翅中室端斑小，室内无斑，后中斑小，长椭圆形，后翅上为小黑点。翅反面边缘黄褐色，中域白色，基部紫褐色，亚外缘2列斑中，外侧色浅，斑模糊，内侧斑黑色呈三角形，后中斑列的斑小；后翅中室内雄蝶有斑，雌蝶无斑。

分布：黑龙江、吉林、山东、山西、甘肃、河南。

寄主：蔷薇科。

图8-144 胡麻霾灰蝶 *Maculinea teleia*

233. 珞灰蝶属 *Scolitsntides* Hübner, 1819

（316）珞灰蝶 *Scolitsntides orion* (Pallas, 1771)

翅面黑褐色，有紫蓝色光泽，亚外缘有1列圆斑，后翅的较明显，并冠以紫蓝色新月纹；前翅中室端有1个椭圆斑，外缘毛黑白相间。翅反面灰白色，翅外缘黑白相间，亚外缘有2列斑，其中内侧黑斑有棕黄色边，后中横斑列不整齐；下方2个内移，中室端和中室内各有1个黑斑，中室内黑斑下方，在2A室也有1个黑斑。后翅亚外缘2列斑间有橙红色带，后中横斑列不整齐，中间3个向外移，接近亚外缘斑列，中室端斑大，室内斑小，在前缘室和2A室基部各有1个黑斑。

分布：黑龙江、辽宁、河北、山西、河南、陕西、甘肃、新疆、湖北。

寄主：景天科。

图8-145　珞灰蝶 *Scolitsntides orion*

234. 婀灰蝶属 *Albulina* Tutt, 1909

（317）婀灰蝶 *Albulina orbitula* (de Prunner, 1798)

雄蝶翅正面紫蓝色，有金属光泽，翅缘黑色。雌蝶黑褐色，缘毛白色。翅反面淡褐色至淡灰褐色，翅缘青灰色；前翅后中横斑列为7个小黑点，有白圈，中室端有长形黑纹；后翅有2斜列灰白色斑。

分布：山西、河南、甘肃、云南。

寄主：百合科。

图8-146　婀灰蝶 *Albulina orbitula*

235. 爱灰蝶属 *Aricia* Reichenbach, 1817

（318）中华爱灰蝶 *Aricia mandschurica* Staudinger, 1892

翅正面黑褐色，缘毛黑白相间，亚外缘有橙红色斑列。翅反面灰白色，外缘具黑边，脉端呈黑点，亚外缘有橙红色带，带外侧有黑色圆点，内侧为黑色新月斑；后翅中横斑列排列不齐，中室端斑色浅，中室内无斑，后翅基部有3个黑点。

分布：黑龙江、河南、甘肃、北京。

寄主：豆科。

图8-147　中华爱灰蝶 *Aricia mandschurica*

236. 红珠灰蝶属 *Lcaeides* Hübner, 1819

（319）红珠灰蝶 *Lcaeides argyrognomon* (Bergstrasser, 1779)

前翅外缘弧形，雄蝶翅正面深紫蓝色，有窄的外缘黑带；雌蝶翅黑褐色，后翅外缘黑带与内侧黑点愈合，其内有深红色新月斑；翅反面淡褐色，后翅臀区4个黑斑上有金蓝色鳞片，前翅后中横斑列中，在 Cu_1 室的黑斑短椭圆形。

分布：黑龙江、河北、辽宁、吉林、山东、山西、河南、四川、甘肃。

寄主：豆科。

图8-148　红珠灰蝶 *Lcaeides argyrognomon*

（320）青海红珠灰蝶 *Lcaeides qinghaiensis* (Murayama, 1992)

雄蝶翅正面紫蓝色，外缘棕褐色；雌蝶翅紫蓝色区缩小。前翅反面端半部3条黑斑列平行，Cu_2室基斑远离中室端斑；雌蝶后翅Cu_1与Cu_2两缘斑相连。

分布：青海、甘肃。

寄主：豆科。

图8-149　青海红珠灰蝶 *Lcaeides qinghaiensis*

237. 眼灰蝶属 *Polyommatus* Latreille, 1804

（321）多眼灰蝶甘肃亚种 *Polyommatus eros gansuensis* (Ochsenheimer, 1808)

雄蝶翅紫蓝色，前后翅有黑色缘带及外缘圆点列；雌蝶暗褐色，除缘点外有橙红色斑，前后翅各6个。反面灰白色，前翅有2列黑斑沿外缘弧形平行排列，中间夹有橙红色带，亚缘列新月形，外横列斑7个弓形弯曲，其中Cu_2室斑上与中室端长形斑对应，此斑在多数个体下与2A室长形斑排成一直线，中室内有1个斑，该斑下方另有1个小黑斑。后翅黑斑排列与前翅相似，另在基部有1列4个，前后翅黑斑皆围白色环。

分布：甘肃。

寄主：豆科米口袋属等。

图8-150　多眼灰蝶甘肃亚种 *Polyommatus eros gansuensis*

（322）维纳斯眼灰蝶*Polyommatus venus* (Staudinger, 1881)

雄蝶翅正面棕褐色有浓紫蓝色，基部黑色有紫色光泽和窄的棕色缘边。翅反面棕黄色，前缘色浓，斑列很不发达，2A室的黑斑极不明显，中室下方无黑斑。

分布：青海、四川、西藏、甘肃。

寄主：不详。

图8-151 维纳斯眼灰蝶*Polyommatus venus*

（323）斑眼灰蝶*Polyommatus wiskotti* (Courvoisier, 1910)

雄蝶翅蓝色，有黑色缘带。雌蝶褐色，除翅尾部有一橘黄带黑点斑列外，无任何斑列。前翅反面中室域有3个黑点，在后翅中域斑列第四点间有射状白斑。

分布：辽宁、内蒙古、甘肃。

寄主：不详。

图8-152 斑眼灰蝶*Polyommatus wiskotti*

（324）仪眼灰蝶*Polyommatus icadius* (Grum-Grshimailo, 1890)

雌雄蝶异色，个体较同类其他蝶略大；雄蝶翅正反面橙色外带较醒目；前翅有中室端斑及中室斑，中室下无斑。

分布：新疆、甘肃。

寄主：不详。

图8-153　仪眼灰蝶*Polyommatus icadius*

238.点灰蝶属*Agrodiaetus* Hübner, 1822

（325）阿点灰蝶*Agrodiaetus amandus* (Schneider, 1792)

本种翅面除亚外缘区有橙色斑之外，其余斑纹均为黑色，圈纹及缘毛白色；翅正面雄蝶天蓝色，有金属光泽；外缘带窄，黑色，并向内侧渗透；雌蝶褐色；后翅臀角有橙色眼斑，瞳点黑色；反面驼色；翅基部覆有灰蓝色鳞粉；中室端斑半月形。前翅反面端缘眼斑列模糊不清；外横斑列弧形排列，止于Cu_1室。后翅反面端缘眼斑列橙色，瞳点黑色；外横斑列近"V"形；基横斑列由3个小斑点组成。

分布：内蒙古、山西、甘肃、新疆。

寄主：豆科豌豆属、黎豆属等。

图8-154　阿点灰蝶*Agrodiaetus amandus*

239.戈灰蝶属 *Glaucopsyche* Scudder, 1872

（326）黎戈灰蝶 *Glaucopsyche lycormas* Butler, 1886

翅正面雄蝶蓝紫色，雌蝶褐色；反面灰白色。斑纹多圆形，黑色；有白色圈纹；缘毛白色。两翅正面端缘黑褐色；反面中室端斑浅 "V" 形。亚缘斑列前翅弱弧形排列，后翅近 "V" 形排列；反面后翅基部密被天蓝色鳞片；Rs室基部有1个黑色圆形斑纹。

分布：黑龙江、北京、陕西、甘肃、青海、新疆、内蒙古。

寄主：豆科野豌豆属等。

图8-155　黎戈灰蝶 *Glaucopsyche lycormas*

240.斯灰蝶属 *Strymonidia* Tutt, 1908

（327）菲斯灰蝶 *Strymonidia phyllodendri* (Elwes, 1881)

本种前翅 M_1 脉与 R_5 脉在基部不共柄；前翅中室为翅长一半；触角稍长于中室；后翅尾突发达，除 Cu_2 脉末端有1个细长尾突外，Cu_1 脉末端有时也有1个短的尾突。雄蝶前翅中室上端有泥色椭圆形性标，下方橙色斑较浅，且向翅基部延伸。

分布：吉林、甘肃。

寄主：不详。

图8-156　菲斯灰蝶 *Strymonidia phyllodendri*

（六十五）弄蝶科Hesperiidae

241.珠弄蝶属Erynnis Schrank, 1801

（328）珠弄蝶Erynnis tages (Linnaeus, 1758)

翅正面暗褐色；反面色稍淡；有紫色光泽；斑纹多黄色。前翅外缘斑列时有模糊；亚外缘区至翅中域有黄色斑纹或棕灰色或黄色斑驳纹。后翅中室端斑条形；外缘斑列排列较整齐；亚缘斑列端部斑纹错位排列。雌蝶前翅中域有1条淡黄色或棕灰色宽带，斑驳，边缘不清，后翅外缘斑列白色。

分布：陕西、黑龙江、河北、山西、河南、宁夏、甘肃、新疆、山东、四川。

寄主：豆科。

图8-157　珠弄蝶 Erynnis tages

（329）深山珠弄蝶Erynnis montanus (Bremer, 1861)

翅正面暗褐色；反面色稍淡；有紫色光泽；斑纹多黄色。前翅外缘斑列时有模糊；亚外缘区至翅中域有黄色斑纹或棕灰色或黄色斑驳纹。后翅中室端斑条形；外缘斑列排列较整齐；亚缘斑列端部斑纹错位排列。雌蝶前翅中域有1条淡黄色或棕灰色宽带，斑驳，边缘不清。

分布：甘肃、陕西、黑龙江、吉林、辽宁、北京、山西、河南、青海、山东、浙江、江西、四川、云南、西藏等。

寄主：壳斗科。

图8-158　深山珠弄蝶 Erynnis montanus

（330）西方珠弄蝶*Erynnis pelias* (Leech, 1891)

体中型。背面翅面黑褐色，前翅有不清晰的暗色纹，伴有大量白色毛列，后翅无斑；腹面前翅亚顶角有3个小白斑，顶角处有白鳞片，后翅无斑。

分布：甘肃、青海、贵州、四川、云南、西藏。

寄主：不详。

242. 点弄蝶属*Muschampia* Tutt, 1906 (=Syrichtus Boisduval, 1834)

（331）星点弄蝶*Syrichtus tessellum* (Hübner, 1803)

体小型略大，前翅黑褐色，外缘有黑白相间锯齿状斑，亚缘有完整的横白斑列，中域白斑列不规则，前翅 M_3 室斑外移。2A室有双斑，亚顶端斑3个，后翅基部斑1个，反面白斑大，分布同正面。

分布：宁夏、甘肃、新疆、陕西、河北、山西。

寄主：不详。

图8-159 星点弄蝶 *Syrichtus tessellum*

243. 花弄蝶属*Pyrgus* Hübner, 1819

（332）花弄蝶*Pyrgus maculatus* (Bremer et Grey, 1853)

夏型翅正面黑褐色，前翅中室外部有1枚白色窄斑，中室端有1条白线，亚顶角R_3室到R_5室有相连的3枚小白斑，M_1室及M_2室外侧各有1枚小白斑，M_3室及Cu_1室中部各有1枚略倾斜的白色斑，Cu_1室基部另有1枚三角形小白斑，Cu_1室外侧白斑下方有2枚错开排列的小白斑；后翅中域有3～4枚白斑排成1列。反面前翅与正面近似，后翅浅褐色，中带白色，其外缘参差不齐，基区及臀区白色，臀角黑褐色，$Sc+R_1$室基半部有1枚小白斑。春型与夏型近似，但后翅正反面具1列亚外缘白斑。以蛹越冬。

分布：陕西、黑龙江、吉林、辽宁、北京、河北、山西、河南、甘肃、山东、浙江、湖北、江西、福建、台湾、广东、四川、云南、西藏。

寄主：蔷薇科。

图8-160　花弄蝶*Pyrgus maculatus*

244. 银弄蝶属*Carterocephalus* Lederer, 1852

（333）白斑银弄蝶*Carterocephalus dieckmanni* Graeser, 1888

翅黑褐色或褐色；斑纹白色或淡黄色。前翅顶角有白色斑纹；亚顶区及基部各有2个斑纹；中斜斑列斑纹大小不一，错位排列。后翅正面中央有大小2个白斑；反面黄褐色或黑褐色；亚顶斑列及中斜斑列银白色；中室近基部有1个小圆斑；顶角区黄色；基部近后缘有1条灰色带纹。

分布：陕西、黑龙江、辽宁、北京、河南、青海、四川、甘肃、云南、西藏。

寄主：不详。

图8-161　白斑银弄蝶*Carterocephalus dieckmanni*

245.链弄蝶属 *Heteropterus* Duméril, 1806

（334）链弄蝶 *Heteropterus morpheus* (Pallas, 1771)

雄蝶翅正面黑褐色；反面前翅暗褐色，后翅淡黄色。前翅亚顶区近前缘 $R_3 \sim R_5$ 室有条斑；反面前缘带仅达前缘中部；外缘带未达翅后缘，淡黄色，内侧锯齿形。后翅正面无斑；反面密布带有黑色圈纹的白色卵形斑纹，排成 3～4 列，外边 1 列斑纹相连，长卵形。

分布：陕西、黑龙江、吉林、辽宁、内蒙古、山西，河南、甘肃、福建。

寄主：禾本科。

图 8-162　链弄蝶 *Heteropterus morpheus*

246.稻弄蝶属 *Parnara* Moore, 1881

（335）直纹稻弄蝶 *Parnara guttata* (Bremer et Grey, 1852)

翅正面黑褐色，前翅中室内有上下 2 枚条状短白斑，其中上侧白斑总是稳存在，亚顶角 $R_3 \sim R_5$ 室有 3 枚小白斑，M_2 室至 Cu_1 室有 1 列依次增大的白斑；后翅外中区有 4 枚矩形白斑。反面底色为黄褐色，前翅中室后缘、Cu_1 室基半部、Cu_2 室及 2A 室黑褐色，斑纹与正面相似，后翅 Rs 室有时具 1 枚小白斑。

分布：全国各地。

寄主：禾本科。

图 8-163　直纹稻弄蝶 *Parnara guttata*

247.赭弄蝶属 *Ochlodes* Scudder, 1872

（336）小赭弄蝶 *Ochlodes venata* (Bremer et Grey, 1853)

雄蝶翅面黄褐色或橙黄色；翅脉黑色；外缘带黑褐色；性标位于前翅中室下缘，黑色。后翅周缘黑色；外中域淡黄色斑纹时有模糊。雌蝶翅正面黑褐色；反面黄褐色；斑纹淡黄色。前翅外横斑列上窄下宽，M_1 及 M_2 室斑外移缩小，上下相对；中室端斑形状不规则。后翅中室有模糊的斑；亚缘斑列"V"形。

分布：陕西、黑龙江、吉林、辽宁、北京、山西、河南、甘肃、新疆、山东、上海、浙江、湖北、江西、福建、四川、西藏。

寄主：禾本科。

图8-164　小赭弄蝶 *Ochlodes venata*

（337）宽边赭弄蝶 *Ochlodes ochracea* (Bremer, 1861)

翅正面黑褐色；反面黄褐色；外缘宽边黑褐色。前翅外横带上窄下宽。雄蝶前翅中室橙黄色，下方有黑色性标；反面外横带后段淡黄色。后翅中央有橙黄色大斑。雌蝶中室端斑黄色；后翅亚缘斑列橙黄色。

分布：陕西、黑龙江、吉林、辽宁、北京、河南、甘肃、浙江。

寄主：莎草科、禾本科。

图8-165　宽边赭弄蝶 *Ochlodes ochracea*

第九章

脉翅目
Neuroptera

（六十六）草蛉科 Chrysopidae

248.草蛉属 *Chrysopa* Leach, 1815

（338）大草蛉 *Chrysopa septempunctata* (Wesmael, 1841)

成虫体长13～15mm，前翅长17～18mm，体黄绿色。触角丝状黄褐色，基部2节黄绿色。复眼大，半球状，金黄色。下颚须和下唇须黄褐色。头部有黑斑2～7个，多为4斑或5斑，即唇基两侧各有一线状斑，触角下面各有一大黑斑，5斑者在触角间有一小圆点，7斑者在两颊还各有一黑斑，2斑者则只保留额上的2个斑。胸部背面中间有1条黄色纵带，足黄绿色，跗节黄褐色。腹部绿色，密生黄毛。翅透明，多横脉，翅脉大部分黄绿色，前翅前缘横脉列及翅后缘基半的脉多为黑色，两组阶脉各脉的中央黑色，两端为绿色。后翅仅前缘横脉及径横脉的大半段为黑色，阶脉与前翅相同。翅脉上多黑毛，翅缘的毛多为黄色。

分布：山东、江苏、安徽、北京、山西、河北、河南、陕西、云南、上海、湖北、浙江、江西、湖南、新疆、辽宁、福建、广东、甘肃。

食物：蚜虫、粉虱、红蜘蛛、鳞翅目昆虫的卵和低龄幼虫、蜻象的卵及低龄若虫等。

图9-1 大草蛉 *Chrysopa septempunctata*

（339）叶色草蛉*Chrysopa phyllochroma* Wesmael, 1841

体长8～10mm。头部绿色，近似椭圆形，唇基斑条状。触角长达及前翅翅痣前缘。足从基节到腿节为绿色，基节、转节上长有灰色的毛，腿节到跗节上为黑色刚毛。前翅端部钝圆，翅面及翅缘有黑褐色的毛。前翅基部为褐色，到端部逐渐变绿；翅痣淡黄绿色，内有绿色的脉；腹部绿色，密生黑色毛。

分布：山东、河南、甘肃。

食物：蚜虫、叶螨、叶蝉、飞虱、木虱及低龄幼虫。

图9-2　叶色草蛉 *Chrysopa phyllochroma*

249.线草蛉属*Cunctochrysa* Holzel, 1970

（340）白线草蛉*Cunctochrysa albolineata* (Killington, 1935)

体长10mm。头部绿色，具黑色颊斑和唇基斑；触角较前翅短，第1～2节淡绿色，其余为淡黄褐色。胸、腹背面为白色纵带，前胸上多为黑色毛，中后胸则多为白色毛。翅透明，翅痣明显；内中室卵圆形，r-m脉位于其上。Psm-Psc脉绿色；阶脉黑色。足淡绿色，跗节淡褐色。

分布：陕西、北京、山西、湖北、江西、福建、四川、贵州、云南、甘肃、西藏等。

食物：蚜虫、叶蝉、叶螨等。

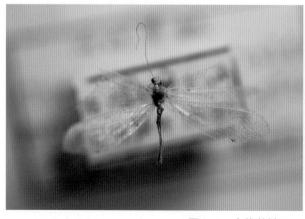

图9-3　白线草蛉 *Cunctochrysa albolineata*

250.通草蛉属 *Chrysoperla* Steinmann, 1964

（341）中华草蛉 *Chrysoperla sinica* Tjeder

体长9～10mm，前翅长13～14mm，后翅长30～31mm。体黄绿色，胸部和腹部背面两侧淡绿色，中央有黄色纵带。头部淡黄色颊斑和唇基斑黑色各1对。大部分个体每侧的颊斑连接呈条状。下颚和下唇须暗褐色。触角比前翅短，呈灰黄色，基部两节与头部同色。翅窄长，端部较尖，翅脉黄绿色，基部两节与头部同色，前缘横脉的下端，径分脉和径横脉的基部、内阶脉和外阶脉均为黑色，翅基部的横脉也多为黑色。翅脉上有黑色短毛。足黄绿色，跗节黄褐色。

分布：甘肃、山东、陕西、四川、青海、西藏。

食物：蚜虫、粉虱、蚧类、叶螨及多种鳞翅目害虫的低龄幼虫和卵。

图9-4 中华草蛉 *Chrysoperla sinica*

（六十七）褐蛉科 Hemerobiidae

251.脉线蛉属 *Neuronema* McLachlan, 1869

（342）黑点脉线蛉 *Neuronema unipunctum* Yang, 1964

体长9.3～12mm，前翅长9～11.1mm，后翅长8～10mm。头黄褐色；头顶具2个褐色斑，密布褐色毛；复眼黑褐色；触角窝黄褐色，周围褐色，柄节黄褐色，内侧褐色，鞭节褐色，每节从基部到端部逐渐由宽大于长变为长大于宽，密布褐色长毛。胸黄褐色，背板中央具1条褐色纵带。前胸背板与头顶连接处，具2～3枚褐色斑，两侧缘各具1个瘤状突起，密布长短不一的褐色毛。中胸和后胸侧板褐色。足黄色，前足和中足胫节基部和端部背面各具一浅褐色斑。密布长短不一的黄色毛。前翅黄褐色，翅脉密布黑褐色斑，R脉上的斑点较深；外阶脉组和中阶脉组仅端半呈褐色，其余阶脉色淡而不明显，后缘具1枚三角形透明斑。

分布：甘肃、江西、广西、浙江。

食物：蚜虫、蚧、木虱、叶螨等。

图9-5 黑点脉线蛉 *Neuronema unipunctum*

（343）薄叶脉线蛉 *Neuronema laminatum* Tjeder, 1936

体长7.5～10.2mm。头部黄褐色，头顶基部具2个褐色斑，触角窝黄褐色，周围褐色，触角黄褐色，65节以上；额区具1个褐斑，呈"人"字形，唇基黑褐色，上唇褐色，下颚须和下唇须末端1节基部褐色。前翅黄褐色，阶脉褐色，后缘中央具1个三角形透明斑，Rs分4～6支（少数7支）；后翅透明，Cu脉端半色深，沿两组阶脉具淡褐色带，Rs分9～11支。雄虫臀板瓢形，后缘具小齿，下角凹入伸出1条长臂，臂狭长而直，端部具小齿，殖弧后突大，呈叶片状；阳基侧突的阳侧突基末端或尖或圆，端叶端部呈斜截锐角或直角，背叶细长，端部较细。雌虫腹端臀板近似三角形，亚生殖板宽大，两侧翼宽大，基部为1对卵形球面突。

分布：陕西、甘肃、黑龙江、吉林、辽宁、北京、内蒙古、山西、河南。

食物：蚧、木虱、叶螨等。

图9-6　薄叶脉线蛉 *Neuronema laminatum*

（六十八）蝶角蛉科 Ascalaphidae

252. 脊蝶角蛉属 *Hybris* Lefebure, 1842

（344）黄脊蝶角蛉 *Hybris subjacens* (Walker, 1853)

体长29～31mm。头红褐色，头顶黄褐色，密生黄褐色毛，间杂有黑色毛。触角略短于前翅，黑褐色；第1节膨大，黄褐色，末端膨大部分黑色。胸部黑褐色，背中央有黄色宽纵带；中胸侧板褐色，有1条黄色斜带。翅无斑纹，翅痣黄褐色，略呈梯形，内有横脉数条。腹部黑色，密生黑毛。雄虫腹部末端有1对内弯的夹状突。

分布：山东、辽宁、江苏、甘肃、浙江、云南、广西、广东、台湾。

食物：捕食蚜虫等小型昆虫。

图9-7　黄脊蝶角蛉 *Hybris subjacens*

A

阿点灰蝶 ·································202
阿芬眼蝶 ·································183
阿里山歧脊沫蝉 ·······················066
暗色绢粉蝶西北亚种 ···················147
暗头豆芫菁 ·····························099
凹头叩甲 ·······························096

B

八字白眉天蛾 ··························137
白斑新灰蝶 ····························192
白斑银弄蝶 ····························206
白边大叶蝉 ····························073
白点舜眼蝶 ····························180
白钩蛱蝶 ······························167
白环红天蛾 ····························133
白矩朱蛱蝶 ····························166
白绢蝶 ································140
白瞳舜眼蝶 ····························181
白纹雏蝗 ······························030
白线草蛉 ······························210
白眼蝶 ································175
斑点捷步甲 ····························076
斑网蛱蝶 ······························168
斑须蝽 ································040
斑眼灰蝶 ······························201
斑缘豆粉蝶指名亚种 ···················142
薄叶脉线蛉 ····························212
北方冠垠叶蝉 ··························069
背匙同蝽 ······························045
碧凤蝶指名亚种 ························138
扁盾蝽 ································054
冰清绢蝶 ······························140

C

彩燕灰蝶 ······························189
菜粉蝶 ································148
灿福蛱蝶 ······························158
茶翅蝽 ································039
蟾福蛱蝶 ······························158
长瓣竖角蝉 ····························061
长翅长背蚱 ····························034
长喙网蝽 ······························053
长隆小毛瓢虫 ··························101
长毛草盲蝽 ····························060
长尾管蚜蝇 ····························116
长尾蓝灰蝶 ····························195
橙黄豆粉蝶 ····························142
橙灰蝶 ································193
齿匙同蝽 ······························045
赤腹深沟茧蜂 ··························112

赤条蝽 ································037
重环蛱蝶 ······························163
刺腹颗缘蝽 ····························048
刺痣洒灰蝶 ····························192

D

大斑霾灰蝶 ····························197
大蚕蛾 ································130
大草蛉 ································209
大红蛱蝶 ······························164
大灰象甲 ······························093
大麻多节天牛 ··························086
大蜣螂 ································081
大青叶蝉 ······························074
大土猎蝽 ······························051
大网蛱蝶 ······························170
大展粉蝶 ······························150
大折板网蝽 ····························052
单环蛱蝶 ······························163
淡灰瘤象 ······························094
淡娇异蝽 ······························041
淡色尖长蝽 ····························044
等盾负角蝉 ····························065
帝网蛱蝶 ······························170
点尾无缰青尺蛾 ························125
东方菜粉蝶西北亚种 ···················149
东方雏蝗 ······························030
东方蝼蛄 ······························034
东亚小花蝽 ····························060
斗毛眼蝶 ······························173
短扇舟蛾 ······························128
短突边大叶蝉 ··························073
短壮异蝽 ······························041
椴六点天蛾 ····························136
对突光叶蝉 ····························072
多眼蝶 ································174
多眼灰蝶甘肃亚种 ······················200
多异瓢虫 ······························105

E

婀灰蝶 ································198
耳环山眼蝶 ····························182
二点横脊叶蝉 ··························068
二点尖胸沫蝉 ··························065
二点梭长蝽 ····························044

F

泛刺同蝽 ······························046
泛泰盲蝽 ······························058
仿爱夜蛾 ······························123
仿齿舟蛾 ······························128

菲斯灰蝶 …………………………… 203
分月扇舟蛾 ………………………… 127
富氏凹头蚁 ………………………… 109

G

嘎霾灰蝶夏河亚种 ………………… 196
甘藏白眼蝶 ………………………… 175
甘薯天蛾 …………………………… 135
柑橘凤蝶指名亚种 ………………… 139
沟线角叩甲 ………………………… 098
钩粉蝶 ……………………………… 145
光腹颗缘蝽 ………………………… 047
龟纹瓢虫 …………………………… 107

H

赫氏纤长角食虫虻 ………………… 120
褐肾锦夜蛾 ………………………… 121
褐伊缘蝽 …………………………… 055
褐真蝽 ……………………………… 038
黑背同蝽 …………………………… 046
黑点脉线蛉 ………………………… 211
黑食蚜盲蝽 ………………………… 056
黑头皮蝽 …………………………… 050
黑纹粉蝶 …………………………… 149
黑纹黄灯蛾 ………………………… 131
黑无齿角蝉 ………………………… 061
黑中齿瓢虫 ………………………… 107
黑足黑守瓜 ………………………… 084
横斑瓢虫 …………………………… 103
横波舜眼蝶 ………………………… 181
横带红长蝽 ………………………… 043
横带瓢虫 …………………………… 103
横纹菜蝽 …………………………… 037
红斑洒灰蝶 ………………………… 191
红灰蝶 ……………………………… 193
红襟粉蝶 …………………………… 152
红松根小蠹 ………………………… 100
红天蛾 ……………………………… 133
红眼蝶 ……………………………… 184
红缘猛猎蝽 ………………………… 052
红珠灰蝶 …………………………… 199
红足真蝽 …………………………… 038
弧斑方瓢虫 ………………………… 100
胡麻霾灰蝶 ………………………… 197
花椒潜跳甲 ………………………… 084
花弄蝶 ……………………………… 206
华北雏蝗 …………………………… 029
华姬蝽 ……………………………… 036
桦尺蛾 ……………………………… 127
黄豹大蚕蛾 ………………………… 129
黄衬云眼蝶 ………………………… 177
黄带斑虻 …………………………… 119
黄褐横脊叶蝉 ……………………… 069
黄环链眼蝶西部亚种 ……………… 172
黄灰蝶 ……………………………… 187
黄脊蝶角蛉 ………………………… 212
黄尖襟粉蝶 ………………………… 152

黄胫无齿角蝉 ……………………… 062
黄脉天蛾 …………………………… 137
黄色小长蝽 ………………………… 042
黄臀黑污灯蛾 ……………………… 131
黄尾原姬蜂 ………………………… 110
黄缘蛱蝶 …………………………… 165
灰褐蒴长蝽 ………………………… 043
火红熊蜂 …………………………… 114

J

基角狼夜蛾 ………………………… 124
基细腹食虫虻 ……………………… 120
吉尔云眼蝶 ………………………… 176
吉良星花蚤 ………………………… 089
戟眉线蛱蝶 ………………………… 161
尖钩粉蝶 …………………………… 145
箭纹绢粉蝶甘肃亚种 ……………… 147
箭纹云粉蝶 ………………………… 151
酱色刺足茧蜂 ……………………… 111
角长缘蝽 …………………………… 049
金凤蝶中华亚种 …………………… 139
橘肖毛翅夜蛾 ……………………… 122
巨暗步甲 …………………………… 075
绢粉蝶 ……………………………… 146
君主绢蝶兰州亚种 ………………… 141
菌网蛱蝶 …………………………… 169

K

孔雀蛱蝶 …………………………… 167
枯灰蝶祁连亚种 …………………… 194
宽碧蝽 ……………………………… 039
宽边黄粉蝶 ………………………… 144
宽边赭弄蝶 ………………………… 208
宽肩直同蝽 ………………………… 047
宽丽蝇 ……………………………… 117

L

蓝灰蝶 ……………………………… 194
蓝绿象 ……………………………… 091
蓝毛臀萤叶甲 ……………………… 085
蓝目天蛾 …………………………… 135
蓝线蛱蝶 …………………………… 160
老豹蛱蝶 …………………………… 156
黎戈灰蝶 …………………………… 203
黎明豆粉蝶 ………………………… 143
李枯叶蛾 …………………………… 132
栎耳角蝉 …………………………… 063
栗斑乌叶蝉 ………………………… 072
栗实象 ……………………………… 092
链弄蝶 ……………………………… 207
裂斑金灰蝶 ………………………… 185
琉璃灰蝶 …………………………… 196
柳毒蛾 ……………………………… 129
柳二十斑叶甲 ……………………… 082
柳隐头叶甲 ………………………… 082
柳圆叶甲 …………………………… 081
柳紫闪蛱蝶 ………………………… 154

六斑异瓢虫 ·················· 101
龙女宝蛱蝶 ················· 159
隆背蚱 ····················· 033
隆胸纹虎天牛 ··············· 086
乱云矍眼蝶 ················· 179
罗网蛱蝶 ··················· 169
珞灰蝶 ····················· 198
缕蛱蝶 ····················· 162
绿豹蛱蝶 ··················· 156
绿后丽盲蝽 ················· 057
绿云粉蝶 ··················· 150

M
麦丽蝇 ····················· 118
满洲里异长沫蝉 ············· 067
美凤蝶大陆亚种 ············· 138
莫氏小粉蝶 ················· 153
牧草长沫蝉 ················· 066
牧女珍眼蝶指名亚种 ········· 183
牧云眼蝶 ··················· 177

N
尼采梳灰蝶 ················· 189
泥红槽缝叩甲 ··············· 096
女神豆粉蝶 ················· 144
女贞天蛾 ··················· 134

O
欧洲粉蝶 ··················· 148
欧蛛缘蝽 ··················· 048

P
苹果乌灰蝶 ················· 190
珀光裳夜蛾 ················· 123
朴喙蝶 ····················· 184

Q
七星瓢虫 ··················· 102
谦熊蜂 ····················· 114
亲艳灰蝶兴隆亚种 ··········· 186
秦岭耳角蝉 ················· 062
青藏雏蝗 ··················· 029
青海红珠灰蝶 ··············· 200
青灰蝶 ····················· 185
秋黄尺蛾 ··················· 126
曲斑矍眼蝶 ················· 180
曲斑珠蛱蝶 ················· 160
曲带闪蛱蝶 ················· 155
曲尾白脉叶蝉 ··············· 071

R
仁眼蝶宽带亚种 ············· 179
日本弓背蚁 ················· 110
日本蚱 ····················· 033
绒斑虎甲 ··················· 080

S
萨哈林虎甲 ················· 080
三斑黄尺蛾 ················· 126
三齿黄尺蛾 ················· 125
三条小筒天牛 ··············· 087
沙蒿金叶甲 ················· 083
沙枣润蝽 ··················· 040
山豆粉蝶 ··················· 143
山眼蝶 ····················· 182
山杨卷叶象 ················· 094
蛇眼蝶 ····················· 178
深山珠弄蝶 ················· 204
十二斑褐菌瓢虫 ············· 108
十二斑巧瓢虫 ··············· 106
双斑青步甲 ················· 077
双斑掌叶蝉 ················· 070
双叉端叉叶蝉 ··············· 070
双列圆龟蝽 ················· 035
双七瓢虫 ··················· 104
丝光小长蝽 ················· 042
四斑和瓢虫 ················· 104
四斑厚花天牛 ··············· 087
四斑长唇步甲 ··············· 077
四川尾尺蛾 ················· 124
粟缘蝽 ····················· 055

T
台湾修瘦天牛 ··············· 088
太白圆角蝉 ················· 064
甜菜毛足象 ················· 095
条背天蛾 ··················· 136
条赤须盲蝽 ················· 059
突角小粉蝶 ················· 153

W
弯葬甲 ····················· 098
网纹蜜蛱蝶 ················· 168
微小跳盲蝽 ················· 059
维纳斯眼灰蝶 ··············· 201
维氏异瓢虫 ················· 106
纹翅盲蝽 ··················· 057

X
西伯利亚大足蝗 ············· 032
西伯利亚绒盾蝽 ············· 054
西方珠弄蝶 ················· 205
细带闪蛱蝶 ················· 155
细角龟蝽 ··················· 036
细胸叩甲 ··················· 097
细胸锥尾叩甲 ··············· 097
狭翅雏蝗 ··················· 031
狭域低突叶蜂 ··············· 113
线灰蝶 ····················· 187
小檗绢粉蝶甘肃亚种 ········· 146
小翅雏蝗 ··················· 031
小豆长喙天蛾 ··············· 134
小黑象 ····················· 093

小红蛱蝶指名亚种 ················· 165
小线灰蝶 ························· 188
小赭弄蝶 ························· 208
斜斑虎甲 ························· 079
星白雪灯蛾 ······················ 130
星斑虎甲 ························· 079
星点弄蝶 ························· 205
玄灰蝶 ·························· 195
玄裳眼蝶 ························· 178
荨麻蛱蝶甘肃亚种 ················· 164

Y

亚洲白眼蝶 ······················ 176
亚洲小车蝗 ······················ 028
眼斑芫菁 ························· 099
眼纹捷步甲 ······················ 076
艳灰蝶 ·························· 186
扬眉线蛱蝶 ······················ 161
尧灰蝶 ·························· 188
野食蚜蝇 ························· 115
叶色草蛉 ························· 210
一带中脊沫蝉 ····················· 067
仪眼灰蝶 ························· 202
异色瓢虫 ························· 105
易贡象沫蝉 ······················ 068
银斑豹蛱蝶 ······················ 157
银豹蛱蝶 ························· 157
优秀洒灰蝶 ······················ 191
幽洒灰蝶 ························· 190
油茶象 ·························· 092

榆黄毛莹叶甲 ····················· 083
榆绿天蛾 ························· 132
圆筒筒喙象 ······················ 090
云粉蝶 ·························· 151

Z

杂色栉甲 ························· 090
藏眼蝶 ·························· 171
枣飞象 ·························· 091
珍蛱蝶 ·························· 159
珍珠绢蝶 ························· 141
直纹稻弄蝶 ······················ 207
中稻缘蝽 ························· 050
中黑土猎蝽 ······················ 051
中华爱灰蝶 ······················ 199
中华斑虻 ························· 119
中华草蛉 ························· 211
中华黄葩蛱蝶 ····················· 162
中华姬蜂虻 ······················ 118
中华剑角蝗 ······················ 032
中华婪步甲 ······················ 078
中华毛郭公甲 ····················· 089
中华窄吉丁 ······················ 095
皱地老虎 ························· 122
朱蛱蝶 ·························· 166
珠弄蝶 ·························· 204
蠋步甲 ·························· 078
紫榆叶甲 ························· 085
纵带长突叶蝉 ····················· 071
纵条瓢虫 ························· 102

学名索引

A

Acanthosoma nigrodorsum ·······················046
Acanthosoma spinicolle ·····························046
Acrida cinerea ····································032
Agapanthia daurica ·······························086
Agelastica alni ··································085
Aglais urticae kansuensis ·······················164
Agrilus sinensis ·································095
Agriotes fuscicollis ······························097
Agriotes subvittatus ······························097
Agrodiaetus amandus ····························202
Agrotis clavis ····································122
Agrypnus argillaceus ····························096
Ahlbergia nicevillei ·····························189
Aiolocaria hexaspilota ··························101
Albulina orbitula ·································198
Alydus calcaratus ·································048
Amara gigantea ···································075
Ambrostoma quadriimpressum ···············085
Amorpha amurensis ·····························137
Anaglyptus producticollis ·······················086
Anthocharis cardamines ·······················152
Anthocharis scolymus ·························152
Antigius attilia ···································185
Apatura ilia ·····································154
Apatura laverna ··································155
Apatura metis ····································155
Aphantopus hyperanthus ·······················183
Aphilaenus scutellatus ··························067
Aphrophora bipunctata ·························065
Apion collare ·····································093
Apolygus lucorum ·······························057
Apopestes spectrum ·····························123
Aporia bieti lihsieni ····························147
Aporia crataegi ··································146
Aporia hippia taupingi ·························146
Aporia procris sinensis ·························147
Argynnis paphia ································156
Argyronome laodice ····························156
Aricia mandschurica ····························199
Aulacophora nigripennis ·······················084

B

Biston betularia ·································127
Boloria pales ····································159
Bombus modestus ·······························114
Bombus pyrosoma ······························114
Bombyx mandarina ·····························130
Boundarus oguma ·······························069
Byctiscus omissus ·······························094

C

Callambulyx tatarinovii ·························132
Calliphora nigribarbis ·························117
Camponotus japonicus ·························110
Carterocephalus dieckmanni ···················206
Catocala helena ·································123
Cechenena lineosa ······························136
Celastrina argiola ·······························196
Celerio lineata livornica ·······················137
Ceraturgus hedini ······························120
Ceropectus messi ·······························096
Childrena childreni ······························157
Chlaenius bioculatus ····························077
Chorthippus albonemus ························030
Chorthippus brunneus huabeiensis ·············029
Chorthippus dubius ······························031
Chorthippus fallax ······························031
Chorthippus intermedius ·······················030
Chorthippus qingzangensis ·····················029
Chrysolina aeruginosa ·························083
Chrysomela vigintipunctata ····················082
Chrysopa phyllochroma ·························210
Chrysopa septempunctata ·······················209
Chrysoperla sinica ······························211
Chrysops flavocinctus ·························119
Chrysops sinensis ·······························119
Chrysozephyrus disparatus ·····················185
Cicadella viridis ·································074
Cicindela germanica ····························079
Cicindela kaleca ·································079
Cicindela sachalinensis ·························080
Clossiana gong ···································159
Clostera anastomosis ···························127
Clostera curtulaiaea ····························128
Coccinella longifasciata ························102
Coccinella septempunctata ·····················102
Coccinella transversoguttata ···················103
Coccinella trifasciata ··························103
Coccinula quatuordecimpustulata ···············104
Coenonympha amaryllis amaryllis ··············183
Colias diva ·····································144
Colias erate erate ·······························142
Colias fieldii ····································142
Colias heos ·····································143
Colias montium ·································143
Coptosoma bifarium ····························035
Coranus dilatatus ·······························051
Coranus lativentris ······························051
Coriomeris integerrimus ·······················047
Coriomeris nigridens ···························048
Cryptocephalus hieracii ·························082

Cteniopinus hypocrita ·················090
Cunctochrysa albolineata ·················210
Cupido minimus qilianus ·················194
Curculio chinensis ·················092
Curculio davidi ·················092
Cylindera delavayi ·················080

D

Deraeocoris punctulatus ·················056
Derephysia foliacea ·················053
Dermatoxenus caesicollis ·················094
Dolichoctis tetraspilotus ·················077
Dolichus halensis ·················078
Dolycocoris bacarum ·················040

E

Elaphrus comatus ·················076
Elaphrus punctatus ·················076
Elasmostethus humeralis ·················047
Elasmucha dorsalis ·················045
Elasmucha fieberi ·················045
Ennomos autumnaria ·················126
Epicauta obscurocephala ·················099
Erebia alcmena ·················184
Erecticorina longovipositoris ·················061
Eristalis tenax ·················116
Erynnis montanus ·················204
Erynnis pelias ·················205
Erynnis tages ·················204
Euplexia semifasia ·················121
Eurema hecabe ·················144
Eurydema gebleri ·················037
Eurygaster testudinarius ·················054
Evacanthus biguttatus ·················068
Evacanthus ochraceus ·················069
Everes argiades ·················194
Everes lacturnus ·················195

F

Fabriciana adippe ·················158
Fabriciana nerippe ·················158
Favonius cognatus xinglongshanus ·················186
Favonius orientalis ·················186
Fixsenia pruni ·················190
Formica fukaii ·················109
Futasujinus candidus ·················072

G

Gargara taibaiiensis ·················064
Gastropacha quercifolia ·················132
Gerris gracilicornis ·················036
Glaucopsyche lycormas ·················203
Gomphocerus sibiricus ·················032
Gonepteryx mahaguru ·················145
Gonepteryx rhamni ·················145
Graphosoma rubrolineata ·················037
Gryllotalpa orientalis ·················034

H

Halticus minutus ·················059
Halyomorpha halys ·················039
Handianus limbifer ·················070
Harmonia axyridis ·················105
Harmonia quadripunctata ·················104
Harpalus (Pseudoophnus) sinicus ·················078
Hemistola parallelaria ·················125
Herse convolvuli ·················135
Heteropterus morpheus ·················207
Hipparchia autonoe ·················179
Hippodamia variegate ·················105
Hippodamia weisei ·················106
Hoshihananomia kirai ·················089
Hybris subjacens ·················212
Hylastes plumbeus ·················100
Hypomeces squamosus ·················091
Hyponephele kirghisa ·················176
Hyponephele lupina ·················177
Hyponephele maureri ·················177

I

Inachis io ·················167
Iozephyrus betulina ·················188
Iphiaulax impostor ·················112
Irochrotus sibiricus ·················054
Issoria eugenia ·················160

J

Japonica lutea ·················187
Jembrana arisanensis ·················066

K

Kentrochrysalis streckeri ·················134
Kirinia epaminondas ·················174
Kolla atramentaria ·················073
Kolla procerula ·················073

L

Lagoptera dotata ·················122
Lasiommata deidamia ·················173
Lcaeides argyrognomon ·················199
Lcaeides qinghaiensis ·················200
Leopa katinka ·················129
Leptidea amurensis ·················153
Leptidea morsei ·················153
Leptocorisa chinensis ·················050
Leptogaster basilaris ·················120
Leucoma salicis ·················129
Libythea celtis ·················184
Limenitis dubernardi ·················160
Limenitis helmanni ·················161
Limenitis homeyeri ·················161
Liorhyssus hyalinus ·················055
Litinga cottini ·················162
Lixus antennatus ·················090
Lopinga achine catena ·················172